济南社会科学院·济南系列蓝皮书

总 主 编　付道磊
副总主编　张　伟　齐　峰

济南生态蓝皮书
Blue Book of Jinan Ecology
（2024）
黄河流域生态保护和高质量发展耦合研究

张国梁　著

济南出版社

图书在版编目（CIP）数据

济南生态蓝皮书.2024：黄河流域生态保护和高质量发展耦合研究 / 张国梁著. —— 济南：济南出版社，2024.10. —— （济南社会科学院济南系列蓝皮书 / 付道磊总主编）. —— ISBN 978-7-5488-6776-0

Ⅰ．X321.252.1

中国国家版本馆 CIP 数据核字第 2024WU7253 号
审图号：GS 鲁（2024）0387 号

济南生态蓝皮书（2024）

JINAN SHENGTAI LANPISHU 2024

张国梁　著

出 版 人　谢金岭
责任编辑　丁洪玉　陈玉凤
装帧设计　焦萍萍

出版发行　济南出版社
地　　址　山东省济南市二环南路1号（250002）
总 编 室　0531-86131715
印　　刷　济南鲁艺彩印有限公司
版　　次　2024年11月第1版
印　　次　2024年11月第1次印刷
成品尺寸　165mm×237mm　16 开
印　　张　17.25
字　　数　238 千字
书　　号　ISBN 978-7-5488-6776-0
定　　价　68.00 元

如有印装质量问题　请与出版社出版部联系调换
电话：0531-86131736

版权所有　盗版必究

《济南生态蓝皮书（2024）》
编　委　会

学术顾问　谢　堃
主　　任　付道磊
副 主 任　张　伟　齐　峰

目　录

第一章　绪论 / 001

　　第一节　研究背景与研究意义 / 001

　　第二节　研究目标和研究内容 / 006

　　第三节　研究结论与主要结果 / 011

第二章　生态保护与经济协调发展的理论基础 / 017

　　第一节　生态保护与经济增长理论 / 017

　　第二节　高质量发展的经济理论 / 032

第三章　流域生态保护与经济协调发展的研究进展 / 042

　　第一节　流域生态保护和经济发展的治理经验 / 043

　　第二节　流域生态保护和经济发展对黄河流域的经验启示 / 049

第四章　黄河流域生态保护和高质量发展的内涵机理 / 057

　　第一节　黄河流域生态保护和高质量发展的概念内涵 / 057

　　第二节　黄河流域生态保护和高质量发展的耦合机理 / 060

　　第三节　黄河流域生态保护和高质量发展的实践要求 / 067

第五章　黄河流域生态保护和高质量发展综合评价 / 072

　　第一节　黄河流域自然环境和社会环境概况 / 072

第二节　黄河流域生态保护和高质量发展的评估体系构建 / 075

第三节　黄河流域生态保护指数与高质量发展综合评价 / 087

第四节　黄河流域分指标评价结果 / 094

第六章　黄河流域生态保护和高质量发展耦合分析 / 123

第一节　生态保护和高质量发展耦合测算方法 / 123

第二节　黄河流域生态保护和高质量发展的耦合协调度 / 127

第七章　黄河流域生态保护和高质量发展对策建议研究 / 136

第一节　黄河流域生态保护和高质量发展的近期任务和长期形势 / 136

第二节　黄河流域生态保护和高质量发展的战略思路和推进逻辑 / 145

第三节　黄河流域生态保护和高质量发展的支撑体系和长效机制 / 152

第四节　黄河流域生态保护和高质量发展的战略内容和推进方略 / 158

第八章　济南市推进黄河流域生态保护和高质量发展战略对策研究 / 178

第一节　济南市高质量发展基本情况 / 179

第二节　济南市与黄河流域沿河城市的分指标对比 / 195

第三节　黄河流域发达城市高质量发展经验和启示 / 205

第四节　济南市生态保护和高质量发展思路和策略 / 218

第九章　高质量建设黄河流域农牧生态保护优化区
　　　　——以乌兰察布市为例 / 228

第一节　黄河流域农牧业高质量发展的限制因素 / 229

第二节　黄河流域气候变化敏感区农业种植分析 / 234

第三节　黄河流域典型区农牧生态种植区划分析 / 251

第四节　黄河流域农牧业生态保护与高质量发展优化策略 / 263

第一章 绪论

第一节 研究背景与研究意义

一、研究背景

随着全球气候变暖和生态环境恶化等问题日益严重,国际社会越来越重视环境保护和可持续发展。中国作为世界上最大的发展中国家,其生态环境保护和经济发展模式的转变对全球具有重要影响。中国一直致力于探索一种既保证经济稳定增长又不对生态环境产生破坏的区域新发展道路。

在不同历史时期,为适应新的发展环境,推动国家的持续发展和现代化进程,一系列区域重大国家发展战略相继被提出。例如,2014年提出的长江经济带发展战略,旨在通过优化长江经济带的产业布局、加强生态保护和绿色发展,推动区域经济一体化,实现经济、社会和环境的协调发展;2014年提出的京津冀协同发展战略,目的是通过优化区域产业布局、改善生态环境、推动交通一体化等措施,实现北京、天津和河北三地的协同发展,缓解北京非首都功能的压力。国家越来越重视经济建设和生态环境保护并行前进。2019年9月18日,习近平总书记在郑州主持召开黄河流域生态保护和高质量发展座谈会,首次明确提出以黄河命名的重大国家战略[1]。黄河流域生态保护和高质量发展的大幕正式被揭开。

黄河是中华民族的母亲河,孕育了光辉灿烂的华夏文明,但它同时也曾是一条以善淤、善徙、善决著称的忧患之河。历史上,黄河决口泛滥,灾害频繁,影响深远,治理黄河历来是安民兴邦的大事。1952年毛泽东主席发出"要把黄河的事情办好"的伟大号召。党和国家把治理开发黄河列入重要议事日程,经过70多年的不懈治理,古老黄河发生沧桑巨变,逐步成为一条安澜之河、生态之河、利民之河。黄河流域连通西北、华北和渤海,是一条连接了三江源、祁连山、汾渭平原、华北平原等一系列"生态高地"的巨型生态廊道。与此同时,黄河流域矿物资源储量丰富,石油资源储量占全国总储量的36%,煤炭资源更是占全国总数的一半以上,是我国重要的能源、化工、原材料和基础工业基地[2];另外,黄河流域流经黄淮海平原、汾渭平原、河套灌区、河南、山东等粮食核心产区,又是农业生产的关键区域。生态廊道、能源流域、粮食生产流域在如今的传统发展模式下,正暴露出越来越多的弊端。

黄河流域暴露出的问题主要涉及生态环境、水资源管理、经济发展和社会问题等方面。一是生态环境破坏。过度开发和不合理地利用土地导致植被破坏、水土流失严重,生态系统退化,生物多样性减少;工业污染

---

[1] 习近平.在黄河流域生态保护和高质量发展座谈会上的讲话[J].求是,2019(20).
[2] 黄承梁.推动黄河流域生态保护和高质量发展[J].红旗文稿,2022(8).

和农业面源污染导致黄河水质下降，影响了河流的自然净化能力和生态平衡。二是水资源短缺与不合理分配。黄河流域水资源总量有限，但随着人口增长和经济发展，用水需求不断增加，导致水资源短缺；水资源分配不均，上游地区过度开发水资源，下游地区水资源供应不足，影响了区域间的协调发展。此外，水资源的过度开发和污染也加剧了黄河流域生态系统多样性的下降趋势。三是经济发展不平衡。黄河流域经济发展水平参差不齐，上游地区经济发展相对滞后，而下游地区工业化程度较高，但面临产业结构单一、创新能力不足等问题；传统产业比重较大，高新技术产业和现代服务业发展不足，经济发展方式较为粗放。四是社会问题。随着城镇化进程加快，农村人口向城市流动，导致一些地区出现"空心村"现象，农村老龄化问题严重；城市化进程中的城乡差距、收入分配不均等问题也日益凸显，社会矛盾增多。五是气候变化问题。黄河流域地处中国干旱半干旱地区，气候条件干旱且不稳定。黄河流域历史上曾多次发生严重的干旱和洪水灾害，由于气候变化和人类活动的影响，黄河流域对气候变化敏感性的增强引发了当地植被的退化现象。众多难题交织使得黄河流域成为世界上最复杂难治的河流流域之一。

国家近期召开了一些重要会议，其中提到的关键措施和政策，可为解决黄河流域难题，实现该区域的可持续发展提供准绳和依据。2023年7月17日至18日，习近平总书记在全国生态环境保护大会上研判了我国生态环境保护的局势："我国生态环境保护结构性、根源性、趋势性压力尚未根本缓解，生态文明建设仍处于压力叠加、负重前行的关键期。"与此同时也提出了今后生态环境保护的方法论，即正确处理好"五大关系"：高质量发展和高水平保护、重点攻坚和协同治理、自然恢复和人工修复、外部约束和内生动力、"双碳"承诺和自主行动[1]。2023年12月11日至12日，中央经济工作会议明确提出，要坚持高质量发展，深化供给侧结构性改革，扩大内需，优化结构，提振信心，并防范化解风险。这一政策导向为黄河流域的经济高质量发展提供了政策支持和理论指导[2]。

对黄河流域生态保护和高质量发展的研究必须以生态文明建设和经济社会耦合协调发展为目标导向和问题导向，以高水平保护和高质量发展为重点，坚持新发展理念，针对黄河流域面临的突出问题，共同抓好大保护，协同推进大治理，坚持系统思维，坚持山水林田湖草沙冰一体化保护与修复，依靠和推动科技创新，转变发展方式，实现区域绿色、低碳、可持续发展。

二、研究意义

本研究在黄河国家重大战略的背景下，以国家顶层设计和战略规划为指引，选择黄河流域作为研究对象，旨在深入探讨该区域的生态保护与经济高质量发展之间的耦合关系。通过系统辨识黄河流域的生态文明建设现状、重点和难点，本研究能够为承担生态保护和经济发展重任的地区提供科学的决策依据。

该研究是深入贯彻习近平生态文明思想，认真落实黄河流域生态保护和高质量发展重大国家战略的现实需要。通过以新发展理念为指导，该研究将丰富并完善这一理念的实践应用。黄河流域作为承担生态保护和经济

---

[1] 习近平在全国生态环境保护大会上强调：全面推进美丽中国建设 加快推进人与自然和谐共生的现代化，中国政府网，2023-07-18。
[2] 中央经济工作会议在北京举行 习近平发表重要讲话，中国政府网，2023-12-12。

发展双重任务的地区，其研究成果将为新时期国家发展提供有益的经验。在科技创新、数字经济、区域协调和生态文明建设等方面的耦合协调研究，将有助于为中国可持续发展提供更加切实可行的理论基础，也对全球流域可持续发展理论提出有益的借鉴。

生态文明建设是新时代中国发展最基础的逻辑和理念，对黄河流域具有重要意义。黄河流域作为中华民族最主要的发源地之一，承载着丰富的自然资源和人文遗产，生态环境问题直接关系到这一区域的可持续发展和民生福祉。生态文明建设不仅仅是对自然环境的保护，更是对人类文明的传承和发展的责任和担当。在黄河流域，生态文明建设意味着要坚守绿水青山就是金山银山的理念，实现经济社会的可持续发展。生态文明建设的重要意义在于为黄河流域提供清洁的水资源、优质的生态环境，促进当地经济的绿色发展，提高人民生活质量，实现经济、社会和生态效益的多赢局面。生态文明建设是推动黄河流域生态保护和高质量发展的根本保障和重要路径。

本研究与时俱进，结合当前经济发展和生态保护的局势，通过重新组织和安排评价指标体系，更具科学性。研究基于中央经济工作会议对新时期经济发展的要求，构建多维度、多层次的评价指标体系，特别关注科技创新、区域协调发展、生态文明建设、民生改善、企业发展、对外开放、供给侧改革等方面。随着时代的发展，中国正经历着巨大的经济转型和生态文明建设的压力。在这一背景下，本研究及时调整研究方法，使其更贴近当前的经济与生态环境状况，更好地反映出黄河流域的高质量发展状况。这不仅丰富和完善了黄河流域生态保护和高质量发展的理论体系、方法体系和实证体系，同时也为未来区域发展战略研究提供了方法和路径的更新范本。

第二节 研究目标和研究内容

一、研究目标

黄河流域生态保护和经济高质量发展研究，核心任务是揭示黄河流域生态保护和高质量发展的规律，为黄河流域治理体系和治理能力现代化建设提供理论支撑。具体来说有三大目标：

1. 梳理黄河流域生态保护和高质量发展的概念内涵，分析黄河流域生态保护和高质量发展的耦合机理。

2. 通过构建黄河流域生态保护和高质量发展指标体系，构建黄河流域生态保护和高质量发展数据库，从城市尺度对黄河流域生态文明建设和高质量发展水平进行综合评价，为推动黄河流域生态保护和高质量发展提供决策依据。

3. 针对黄河流域现阶段生态保护和经济发展的近期任务和长期形势，结合综合评价结果，提出黄河流域生态保护和高质量发展的战略思路和逻辑，提出相应的支撑体系和推进逻辑，提出黄河流域生态保护和高质量发展的对策建议和推进方略。

二、研究内容

(一)研究对象

鉴于数据的可获取性,本研究的时间段为2010至2021年。这里的黄河流域指黄河流经的青海省、四川省、甘肃省、宁夏回族自治区、内蒙古自治区、陕西省、山西省、河南省、山东省9个省(自治区)的57个沿黄城市。本书重点关注沿黄九省(自治区)57个城市的科技创新、需求侧改革、企业发展、对外开放、区域协调发展、生态文明建设、民生改善等的高质量发展指标的时序变化和格局分布。

(二)总体框架

黄河流域高质量发展和高水平保护是一对相辅相生的概念。高水平保护是高质量发展的重要前提,生态优先、绿色低碳的高质量发展只有依靠高水平保护才能实现。科学准确辨析两者的内涵,促进两者的耦合协调发展是黄河重大国家战略实践过程中的一大难题。研究以黄河重大国家战略为根本抓手,按照对生态保护和高质量发展理论内涵辨析研究—综合评价研究—耦合机理研究—战略推讲和政策研究的脉络分析该问题。

1.生态保护与经济增长协同发展理论和实践研究。一是梳理追溯生态保护与经济协调发展的基础理论,探究高质量发展理论的诞生逻辑和内涵特征。二是对国内外有关流域生态保护和经济发展的实践经验进行综述,结合黄河流域的发展状况,提出有益于黄河流域生态保护和高质量发展的经验启示。

2.黄河流域生态保护和高质量发展的内涵机理研究。一是阐述黄河流域生态保护和高质量发展的基本概念与科学内涵,明确其作为重大国家战略的目标与任务。二是分析黄河流域生态保护与经济发展的耦合机理，探讨生态环境保护对高质量发展的促进作用以及高质量发展对生态保护的反哺效应。三是总结黄河流域生态保护和高质量发展的实践要求，提出具体措施和建议，以推动黄河流域的全面协调可持续发展。

3.黄河流域生态保护和高质量发展综合评价研究。一是系统梳理黄河流域的自然环境和社会环境概况，分析其基本情况、地理特征、经济特征、生态环境特征及社会文化特征，揭示黄河流域面临的水资源短缺、生态环境脆弱等挑战。二是构建黄河流域生态保护和高质量发展的评估体系，明确指标体系构建原则，搭建指标体系框架，并提出具体的测度逻辑，涵盖科技创新、需求侧改革、企业发展、对外开放、区域协调发展、生态文明建设、民生改善等七个方面。三是运用熵值法和耦合协调度等研究方法，结合黄河流域57个城市的实证数据，对2010—2021年黄河流域高质量发展水平进行时序和空间分布特征分析，评估黄河流域生态保护和高质量发展的成效与趋势。四是对黄河流域各分指标进行评价，分析科技创新、对外开放、区域协调发展、民生改善、需求侧改革、生态文明建设、企业发展等指标的时序变化和空间分布特征，识别各指标的优势与不足，为黄河流域的生态保护和高质量发展提供决策参考。

4.黄河流域生态保护和高质量发展耦合分析研究。一是梳理现有文献，总结近年来关于黄河流域生态保护与经济发展耦合协调关系的研究进展，涵盖评价方法、影响因素、区域差异及政策建议等方面，为本研究提供理论基础。二是介绍耦合协调度的测算方法，采用耦合协调度模型评估黄河流域生态保护和高质量发展的相互作用和协同发展水平，明确耦合度和协调度的计算公式及其权重分配原则。三是分析黄河流域生态保护和高质量发展耦合协调度的时序变化特征，通过时间序列分析揭示生态保护意识提升和高质量发展实践进步的趋势。四是探讨黄河流域生态保护和高质量发展耦合协调度的空间分布特征，通过空间分析展示沿黄各城市在生态文明建设和高质量发展方面的地理差异及发展特点。五是识别高效耦合和低效耦合的区域，提出针对性的对策建议，旨在促进黄河流域整体的高质量发展。六是研究黄河流域生态保护和高质量发展的交互响应关系，分析两者之间的动态互动和影响机制，为流域内生态保护和经济发展的协调统一提供科学依据。

5. 黄河流域生态保护和高质量发展对策建议研究。一是分析了黄河流域生态保护和高质量发展面临的近期任务与长期形势，包括生态环境脆弱、资源环境高负载、与"水"相关的矛盾和风险显著、发展与保护的矛盾突出、高质量发展空间制约现象明显和产业发展制约因素明显等问题。二是提出了黄河流域生态保护和高质量发展的战略思路和推进逻辑，强调由工业文明向生态文明过渡，以及大保护与大治理协同推进。此外，探讨了从区域管理转向流域治理的战略机制和模式。三是构建了黄河流域生态保护和高质量发展的支撑体系和长效机制，涵盖规划保障、法规体系、产业政策、空间管控、区域协调等方面，并提出了具体的战略内容和推进方略，如提升科技创新能力、加强生态治理与保护、扩大高水平对外开放、扩大有效需求、强化区域联系与分工等，旨在促进黄河流域整体的高质量发展。

6. 济南市推进黄河流域生态保护和高质量发展战略对策研究。一是分析了济南市在黄河流域生态保护和高质量发展中的基本情况和形势，识别了城市核心竞争力不足、对外开放水平有待提升、社会治理和民生保障存在短板等关键问题。二是综合评估了济南市2010—2021年间的高质量发展指数，从科技创新、对外开放、区域协调发展、企业发展、需求侧改革、生态文明建设和民生改善等维度，分析了济南市在黄河流域城市中的排名，揭示了济南市在高质量发展竞争中的定位和比较优势，同时指出了需要重点关注和改进的领域。三是梳理了黄河流域发达城市高质量发展的实践探索，分别从科技创新、对外开放和生态文明建设三个方面总结了典型经验，为济南市相关领域建设提供决策参考和启示。四是提出了济南市推进黄河流域生态保护和高质量发展的对策建议，包括强化科技创新平台建设、优化对外开放环境、促进区域协调发展、提升民生福祉、加强生态文明建设、激发企业发展活力等，旨在促进济南市及黄河流域的全面、协调、可持续发展。

7. 黄河流域农牧生态保护优化区建设研究。一是分析了黄河流域农牧业发展面临的限制因素，包括气候变化不确定性增强、农业水污染问题严峻、农业用水效率低下、农业水土环境退化以及农牧业技术和管理水平不足等。然后，以乌兰察布市为例，提取了气候变化敏感区的作物种植分布数据，并对典型作物的种植区概况进行了分析。二是探讨了黄河流域典型区农牧生态种植区划，包括水资源平衡分析、主导作物生态缺水量测度和基于水资源平衡的生态种植区划建议。三是提出了黄河流域农牧业生态保护与高质量发展的优化策略，涉及兼顾生态保护与农牧业发展、调整种植结构、推进农业技术创新、建立农业水资源与水环境监测预警系统、加大农牧业科技推广以及推动规模化经营等方面。这些策略旨在促进黄河流域农牧业的可持续发展，提升农牧民的整体素质，并推动农牧业产业化经营模式的发展。

第三节 研究结论与主要结果

一、黄河流域生态保护和高质量发展的内涵机理研究

在黄河流域生态保护和高质量发展的内涵机理研究方面，得出以下重要结论：

1. 黄河流域的高质量发展强调在保护生态环境的基础上进行，必须确保黄河生态系统的健康和稳定，防止过度开发和资源的不可持续利用。

2. 黄河流域的生态保护和高质量发展需要采取因地制宜的原则，根据各地区的实际情况制定相应的发展策略，并体现各省区协同合作，实现资源的优化配置和产业的互补。

3. 绿色发展是黄河流域高质量发展的重要方向，强调资源的高效利用和环境的持续改善，同时创新是推动黄河流域高质量发展的关键动力。

4. 黄河流域生态保护和高质量发展的内涵是一个多维度、系统性的工程，涉及生态、经济、社会等多个方面，要求在保护生态环境的基础上，充分贯彻新发展理念，采用与时俱进的发展策略，构建一个全面、协调、可持续的发展模式。

二、黄河流域生态保护和高质量发展的综合评价研究

在黄河流域生态保护和高质量发展的综合评价方面，得出以下重要结论：

1. 黄河流域自然环境和社会环境具有独特性，流域内资源丰富但同时也面临水资源短缺、生态环境脆弱等挑战。

2. 现阶段的黄河流域生态保护和高质量发展的指标体系应与时俱进，包括科技创新、需求侧改革、企业发展、对外开放、区域协调发展、生态文明建设、民生改善等七个方面，旨在全面评估流域的高质量发展状况。

3. 通过测度体系，对黄河流域 57 个城市的高质量发展水平进行了评估，结果显示黄河流域的发展水平整体呈现上升趋势，但各地区发展不平衡。

4. 黄河流域的生态保护和高质量发展受到多种因素的影响，包括地理特征、经济特征、生态环境特征和社会文化特征等。

5. 研究提出了黄河流域生态保护和高质量发展的实践要求，包括在人与自然和谐共生的高度谋划发展、坚持新发展理念、坚持生态立法、传承弘扬黄河文化等，以推动流域的全面协调可持续发展。

三、黄河流域生态保护和高质量发展的耦合分析研究

在黄河流域生态保护和高质量发展的耦合分析方面，得出以下重要结论：

1. 黄河流域生态保护和高质量发展之间的耦合协调度稳中有升，但仍有部分城市处于失调状态，需要进一步优化两者之间的关系。

2. 研究分析了多种影响黄河流域生态保护与经济发展耦合协调性的因素，如地理区位、资源禀赋、政策扶持、环境规制强度等，这些因素对流域内不同区域的耦合协调发展具有显著影响。

3. 采用耦合协调度模型评估了黄河流域生态保护和高质量发展的相互

作用和协同发展水平，模型结果有助于识别系统中的薄弱环节，并为决策提供科学依据。

4.通过时间序列和空间分布特征分析，揭示了黄河流域生态保护和高质量发展的历史演变趋势和区域发展特点，识别了高效耦合和低效耦合的区域。

5.提出了促进黄河流域整体高质量发展的对策建议，包括加强生态保护、优化资源配置、提升系统效率、推动产业升级和经济结构调整等措施。

四、黄河流域生态保护和高质量发展的对策建议研究

在黄河流域生态保护和高质量发展的对策建议方面，得出以下重要结论：

1.黄河流域生态环境脆弱，面临水资源短缺、水土流失和沙化等问题，这些问题严重制约了区域的可持续发展。

2.资源环境的高负载性使得黄河流域在短时间内转型困难，需要采取综合性措施，包括优化土地利用结构、实施水资源合理配置和节水措施、推动能源结构的清洁转型等。

3.黄河流域与"水"相关的矛盾和风险较为显著，包括水资源短缺、洪水风险和水污染等问题，需要从水资源管理、洪水风险防控、水环境治理等多个方面进行综合施策。

4.发展与保护的矛盾突出，需要通过科学规划、合理布局、技术创新和政策引导等多方面努力来解决，以实现经济发展与生态环境保护的协调统一。

5.高质量发展空间制约现象明显，黄河流域的空间开发失调和开发强度过度问题日益凸显，需要优化空间布局，提升交通基础设施建设，降低资源要素流动成本。

6.产业发展制约因素明显，黄河流域的产业发展面临传统产业结构有局限性、新兴产业和业态发展滞后、高素质劳动力短缺、产业关联与分工不充分等问题，需要加大对新兴产业的支持力度，推动产业结构优化升级。

7.提出了黄河流域生态保护和高质量发展的战略思路和推进逻辑，包括由工业文明向生态文明过渡、大保护与大治理的协同推进、从区域管理转向流域治理等，旨在促进黄河流域的整体高质量发展。

五、济南推进黄河流域生态保护和高质量发展战略对策研究

在济南市推进黄河流域生态保护和高质量发展战略对策方面，得出以下重要结论：

1.济南市作为黄河流域的中心城市，面临着前所未有的历史发展机遇，但在经济社会转型升级的关键时期，也存在城市核心竞争力和辐射带动能力较弱、城乡区域协调发展水平有待提高等问题。

2.2010年至2021年，济南市高质量发展指数呈现显著增长趋势，济南市在黄河流域沿河城市中的高质量发展综合排名位居前列，尤其在科技创新、生态文明建设、需求侧改革、区域协调发展、民生改善等方面表现突出，但在对外开放、企业发展等方面还存在发展短板。

3.科技创新方面，济南市整体实力不断增强，2018年后科技创新进入

高质量发展阶段，科研经费投入和科研人力投入强度均有所提升，数字经济综合发展指数提升迅速。

4. 生态文明建设方面，济南市呈现两个明显的发展阶段，2010年至2015年为水平波动阶段，2015年至2022年为快速发展阶段。济南生态文明建设水平在黄河流域57个城市中的综合排名为第3位，增速排名为第1位，接近黄河流域平均增速的6倍。

5. 济南在需求侧改革、区域协调发展、民生改善等方面表现突出，尤其自2019年新冠疫情以来，相较于黄河流域其他城市，各项指标均保持平稳发展，未出现明显下滑，体现了济南市高质量发展的成果，是为数不多能和资源型城市相提并论的综合型城市。

6. 对外开放发展方面，济南近十五年来的对外开放发展历程从低速发展到2018年后的迅速发展，中间经历了较长时间的发展停滞，外商投资企业数量呈现较为明显的下滑趋势，对外开放的程度不够充分。

六、黄河流域农牧生态保护优化区建设研究

在建设黄河流域农牧生态保护优化区和农业生态发展引领区方面，特别是以乌兰察布市为例，得出以下重要结论：

1. 黄河流域作为我国重要的农牧业生产基地，其农牧业发展对国家粮食安全和经济稳定具有关键作用，但同时也面临着气候变化、水资源短缺等多重挑战。

2. 农牧业高质量发展的限制因素包括气候变化不确定性增强、农业水污染问题严峻、农业用水效率低下、农业水土环境退化以及农牧业技术和管理水平不足等。

3.通过分析乌兰察布市的农牧业发展现状，识别出土壤干旱化、水资源利用效率低下、种植结构缺陷等现实问题，并针对这些问题提出了相应的对策建议和优化策略。

4.黄河流域气候变化敏感区的作物种植分布数据显示，作物种植空间特征和轮作模式在不同区域存在显著差异，需要根据地区特点调整种植结构和灌溉策略。

5.黄河流域典型区农牧生态种植区划分析强调了水资源平衡的重要性，提出了基于水资源平衡的生态种植区划建议，以促进水资源的合理利用和生态环境的保护。

6.为实现黄河流域农牧业生态保护与高质量发展，提出了一系列优化策略，包括兼顾生态保护与农牧业发展双赢、调整种植结构建立节水高效种植制度、推进农业技术创新、建立农业水资源与水环境监测预警系统、加大农牧业科技推广以及推动规模化经营等。

第二章
生态保护与经济协调发展的理论基础

第一节　生态保护与经济增长理论

　　生态环境保护与经济发展密不可分，特别是在黄河流域这一国家战略重点区域。生态环境的破坏会直接影响到经济的可持续发展，因为生态问题会引发资源匮乏、环境恶化等一系列经济问题。同时，经济发展过程中的不合理行为也会对生态环境造成损害，形成恶性循环。因此，保护生态环境不仅是维护生态平衡和人类健康的需要，也是为了保障经济的可持续增长。在黄河流域，生态环境保护与经济发展的关系尤为显著。黄河作为中国母亲河之一，流经的地区人口众多，经济发展压力巨大，但同时也面临着水资源匮乏、水土流失等生态问题。如何在经济发展的同时保护好生态环境，成为摆在当地政府和企业面前的重要课题。只有实现生态环境保护与经济发展的良性互动，才能实现黄河流域的可持续发展。因此，对黄河流域的研究应该超越表面现象，将研究视角回归到根本理论之上，深入探讨生态保护与经济发展的基础理论。只有基于这样的理论基础进行创新性的研究，才能为研究黄河流域生态保护和高质量发展提供充分的理论支撑。

一、生态保护理论

生态环境保护的基础理论涉及多个学科领域，包括生态学、环境科学、经济学、社会学等，以下是一些国内外广泛认可和应用的生态环境保护理论。

(一)生态系统理论

生态系统理论是生态学的一个核心概念，它描述了生物与其环境之间的相互作用和相互依赖关系。这一理论的核心在于理解生态系统的结构、功能和动态过程，以及生态系统如何在时间和空间上发挥作用。生态系统理论是一个广泛的研究领域，涉及众多研究人员和研究成果。尤金·奥德姆（Eugene Odum）是系统生态学的代表人物，他的研究强调了生态系统作为一个整体的功能和能量流。他与弟弟霍德华·奥德姆（Howard Odum）共同发展了生态过程的定量模型，即Odum（奥德姆）模型。尤金·奥德姆的《生态学基础》（*Fundamentals of Ecology*）首次出版于1953年。该书强调生态系统的整体性和自上而下的研究方法，并主张对生态环境的研究应该从生态系统的角度出发，而不是仅仅关注单个物种或生态因子[1]。西

---

[1] EUGENE ODUM. Fundamentals of Ecology[M]. Cengage Learning, 1953.

蒙·A.莱文（Simon A. Levin）主要从事生态系统的复杂性、稳定性和可持续性方面的研究。他致力于理解生态系统和生物圈层面上的宏观模式和过程是如何通过生态、行为和进化机制在生物个体层面上维持的，发现生态系统和金融经济系统之间具有相似性，尤其是它们共同具有在系统结构某些方面的脆弱性[①]。

（二）生态经济学理论

生态经济学是一门研究经济活动与生态系统之间相互作用和关系的学科。生态经济学试图在经济发展与环境保护之间找到平衡，强调可持续性和生态平衡的重要性。赫尔曼·E.戴利（Herman E. Daly）是生态经济学的先驱之一，提出了稳态经济的概念，主张经济系统应该在生态系统的承载能力范围内运行，以实现可持续发展[②]。戴利的观点在他的多部著作中得到阐述，包括1996年出版的《超越增长：可持续发展的经济》（*Beyond Growth*: *The Economics of Sustainable Development*）。他批评了传统的增长型经济模式，并提倡一种新的经济体系，该体系能够维持生态健康和社会福祉[③]。气候变化是生态环境系统里最重要的变量之一，尼古拉斯·斯特恩（Nicholas Stern）在他领导的斯特恩报告（Stern Review）中强调了气候变化对全球经济的影响，并提出了应对气候变化的政策建议。报告强调了采取行动减少温室气体排放的经济合理性，以及不采取行动可能带来的巨大经济风险[④]。罗伯特·康斯坦扎（Robert Costanza）是生态经济学领域的另

[①] 西蒙·A.莱文.脆弱的领地：复杂性与公有域[M].吴彤,田小飞,王娜,等译.上海：上海科技教育出版社, 2006.
[②] PETER H. Raven. Plant Biology[M].2007.
[③] HERMAN E,DALY. Beyond Growth：The Economics of Sustainable Development[M].1996.
[④] NICHOLAS STERN. The Stern Review[R].2021-10-26.

一位重要人物,他参与了对全球生态系统服务价值的评估工作。他在1997年的《自然》杂志上发表了一篇开创性的论文,估算了全球生态系统服务的价值,强调了自然资本对人类经济活动的重要性[①]。许涤新是中国生态经济学的创始人之一,倡导创建社会主义生态经济学,强调在经济发展中必须考虑生态平衡和资源的可持续利用。他的工作为中国生态经济学的发展奠定了基础。

(三)生态恢复理论

生态恢复理论是生态学的一个分支,专注于退化生态系统的修复和重建,为生态保护提供基础的理论支撑。这一理论的核心在于理解和促进生态系统在受到自然或人为干扰后的自我恢复能力,在20世纪80年代得以迅猛发展,现已日益成为生态学领域的研究热点。1996年,美国生态学年会把恢复生态学作为应用生态学的五大研究领域之一。由于该理论兴起的时间较短,国内外形成了三类有关恢复生态学的定义,即强调恢复的最终形态,生态恢复是使受损生态系统的结构和功能恢复到受干扰前状态的过程;强调恢复的生态学过程,认为恢复生态学是研究生态系统退化原因、退化生态系统恢复与重建技术与方法、生态学过程与机理的科学;强调恢复的生态整合性,即生态恢复是研究生态整合性的恢复和管理过程的科学。有关生态恢复的研究主要围绕上述三类观点开展。任海等人系统介绍恢复生态学的理论基础,包括状态过渡模型及阈值、集合规则、参考生态系统、人为设计和自我设计、适应性恢复等理论。他们还讨论了环境、种群、群落、生态系统、景观尺度层面的恢复生态学研究进展,整合

---

① ROBERT COSTANZA. The value of the world's ecosystem services and natural capital[J]. nature,1997.

了近些年生态恢复理论的研究进展①。黎绍鹏教授提出了生态系统演替过程中稳定性变化趋势具有空间尺度依赖性的观点。在大空间尺度上，生态系统的时间稳定性随着演替的深入逐渐升高；而在小尺度上，时间稳定性并未在演替进程中呈现上升的趋势②。

(四)生态足迹理论

生态足迹理论是一种衡量人类活动对地球生态系统影响的方法，它通过计算得出为了支持人类消费和吸收人类产生的废物所需的生物生产性土地面积。这一理论由加拿大生态经济学家威廉·莱斯（William Rees）和他的学生马蒂斯·瓦克纳格尔（Mathis Wackernagel）在20世纪90年代初期提出。理论构建的生态足迹提供了一个量化指标，用于评估人类对地球资源的需求与地球生态系统提供这些资源的能力之间的关系。生态足迹的计算包括对耕地、林地、渔场、草地、建筑用地的需求以及对碳足迹的考量。如果一个地区的生态足迹超过了其生态承载力，这意味着该地区的资源正在被过度消耗，长期下去可能导致环境退化和生态系统服务的下降③。杨开忠等（2000）总结了生态足迹理论在国际上的研究进展，介绍了生态足迹的计算步骤，包括如何将人类的消费和废物排放转化为对应的生态生产性土地面积，以及如何通过均衡因子和产量因子将不同类型土地的生态足迹转换为可比较的全球公顷单位④。徐中民等（2006）详细讨论了生态足迹计算中的关键要素，包括化石能源用地的处理、均衡因子和产

---

① 任海.恢复生态学导论[M].北京:科学出版社,2007.
② MENG Y, LI S P. Scale-dependent changes in ecosystem temporal stability over six decades of succession[J]. Science advances,2023-10-06.
③ 陈成忠.生态足迹模型的争论与发展[J].生态学报,2008.
④ 杨开忠,杨咏,陈洁.生态足迹分析理论与方法[J].地球科学进展,2000(06):630-636.

量因子的计算，以及能源足迹的计算方法，总结了生态足迹研究的主要进展，包括对生态足迹计算方法的改进、对生态足迹概念的澄清，以及对生态足迹计算中存在的问题的识别和解决方案[1]。

二、经济增长理论

经济增长理论是经济学中一个重要的分支，它研究的是一个国家或地区在一定时期内经济产出的增长。以下是一些主要的经济增长理论及其代表性观点。

(一)古典经济增长理论

古典经济增长理论是现代经济增长理论的前身，起源于18世纪和19世纪的经济思想，主要关注资本积累、劳动分工和生产效率等对经济增长的影响。该时期涌现出了众多著名的经济学家。亚当·斯密（Adam Smith）在1776年出版的《国富论》中提出了分工理论，认为分工能够显著提高生产效率，是经济增长的关键因素。他还强调了市场机制在资源配置中的作用，即"看不见的手"原理[2]。大卫·李嘉图（David Ricardo）在1817年的《政治经济学及赋税原理》中提出了地租理论，认为土地的稀缺性和地租是影响经济增长的重要因素[3]。他还分析了比较优势在国际贸易中的作用。托马斯·马尔萨斯（Thomas Malthus）在1798年的《人口原理》中提出了人口增长与资源限制之间的关系，即马尔萨斯陷阱[4]。他认为人口增长是指数型的，而食物供应是线性的，这可能导致经济增长的停

---

[1] 徐中民,程国栋,张志强.生态足迹方法的理论解析[J].中国人口·资源与环境,2006,16(06):69-78.
[2] MARTIN COHEN.亚当·斯密与国富论[M].王华丹,徐敏,译.大连:大连理工大学出版社,2013.
[3] 大卫·李嘉图.政治经济学及赋税原理[M].郭大力,王亚南,译.北京:商务印书馆,2021.
[4] 马尔萨斯.人口原理[M].朱泱,胡企林,朱和中,译.北京:商务印书馆,1992.

滞。让·巴蒂斯特·萨伊（Jean-Baptiste Say）在1803年的《政治经济学概论》中提出了萨伊定律，即"供给创造自己的需求"，认为生产活动本身就能创造足够的需求来吸收其产出，从而支持经济增长[①]。约翰·斯图亚特·穆勒（John Stuart Mill）在1848年的《政治经济学原理》中对古典经济学进行了系统化分析，讨论了资本积累、人口增长和技术进步对经济增长的影响，并提出了"静止状态"的概念，即经济增长最终会达到一个稳定状态[②]。这些古典经济学家的观点为后来的经济增长理论奠定了基础，这些理论在18世纪和19世纪期间逐渐发展，并对后世的经济思想产生了深远的影响。

(二)新古典经济增长理论

新古典经济增长理论是在20世纪50年代和60年代发展起来的，它是对古典经济增长理论的扩展和完善。新古典经济增长理论的核心是索洛增长模型，该模型强调了技术进步、资本积累和劳动力增长在经济增长中的作用。罗伯特·索洛（Robert Solow）在1956年提出了著名的索洛增长模型（Solow Growth Model），该模型使用柯布-道格拉斯生产函数来分析经济增长[③]。索洛模型认为，长期经济增长主要取决于技术进步，而资本积累和劳动力增长虽然对经济增长有贡献，但最终会达到一个稳态。索洛还提出了"索洛残差"（Solow residual）的概念，用来衡量技术进步对经济增长的贡献。特雷弗·斯旺（Trevor Swan）在1956年提出了斯旺模型，对索洛模型进行了扩展，考虑了资本的替代性和劳动力的增长。斯旺模型强调

[①] 萨伊.政治经济学概论[M].北京:商务印书馆,2009.
[②] 约翰·斯图亚特·穆勒.政治经济学原理（下）[M].金镝,金熠,译.北京:华夏出版社,2009.
[③] 郭庆旺.罗伯特·索洛的长期经济增长模型述评[J].世界经济研究,1988(3):5.

了资本积累的重要性,并认为资本积累是经济增长的关键因素①。 保罗·罗默(Paul Romer)在1986年提出了内生增长理论,这是新古典增长理论的一个重要分支。 罗默认为,经济增长可以通过内生的技术进步和规模经济来实现,强调了知识、创新和人力资本的重要性②。 罗伯特·卢卡斯(Robert Lucas)在1988年提出了卢卡斯模型,该模型强调了人力资本在经济增长中的作用。 卢卡斯认为,教育和技能的提升可以促进经济增长,并且经济增长与人口增长和劳动力质量的提升密切相关③。 新古典经济增长理论的发展,特别是索洛模型的提出,为理解经济增长的长期趋势和动态提供了一个有力的分析框架。 这些理论至今仍对经济学研究和政策制定产生持续影响。

(三)内生增长理论

内生增长理论是20世纪80年代中期发展起来的宏观经济理论分支,它强调经济增长的动力来自经济体系内部,尤其是技术进步和知识的积累。 保罗·罗默(Paul Romer)在1986年和1990年发表了关于内生增长理论的开创性论文。 他提出了知识溢出模型,强调知识和技术的生产是经济增长的关键因素。 罗默认为,知识和技术具有非竞争性和部分排他性,这导致了正的外部性,使得经济增长可以通过内生的技术进步实现。 罗伯特·卢卡斯(Robert Lucas)在1988年提出了人力资本模型,强调教育和技能的提升对经济增长的重要性。 该模型表明,人力资本的积累可以促进经济增长,并且这种增长是内生的。 埃德蒙·费尔普斯(Edmund Phelps)在

---

① 黄志刚.关于Robert Mundell模型和T·Swan模型的修正与拓展[J].数量经济技术经济研究,2001(11):4.
② 张建华,刘仁军.保罗·罗默对新增长理论的贡献[J].经济学动态,2004(2):5.
③ 朱鲍华,林勇.罗伯特·卢卡斯与理性预期学派述评[J].南方经济,1996(2):3.

2006 年提出了"经济增长黄金律",这一理论强调了资本积累与消费之间的平衡对于实现长期经济增长的重要性。他的研究为内生增长理论提供了新的视角[①]。内生增长理论的核心在于认为经济增长不仅仅依赖于外生的技术进步,而是可以通过经济体系内部的因素,如知识积累、人力资本投资和技术创新等内生因素来实现。这些理论为理解经济增长提供了新的分析框架,并影响了后续的经济政策制定。

(四)制度经济学

制度经济学是一门研究经济制度及其对经济行为和经济绩效产生影响的学科。它强调制度环境对经济活动的重要性,包括正式的法律、规则和非正式的社会规范。罗纳德·科斯(Ronald Coase)在 1937 年发表了《企业的性质》一文,提出了交易成本理论,解释了企业存在的原因以及企业与市场之间的界限[②]。他在 1960 年的《社会成本问题》中进一步探讨了产权界定对资源配置的影响,提出了著名的科斯定理[③]。道格拉斯·诺斯(Douglass C. North)在 20 世纪 70 年代和 80 年代发展了新制度经济学,强调制度变迁在经济历史中的作用。他提出了"制度—选择—经济和社会结果"的分析框架,认为制度是经济行为的规则,对经济绩效有深远影响[④]。奥利弗·威廉姆森(Oliver E. Williamson)在 1975 年的《市场与层级制》中提出了层级理论,分析了市场交易和内部组织之间的替代关系,并强调了契约的不完全性和交易成本在经济组织选择中的作用[⑤]。阿曼·阿尔奇

[①] 刘义圣,李成刚.埃德蒙·费尔普斯对宏观经济学的贡献——潜在诺贝尔经济学奖得主学术贡献评介系列[J].经济学动态,2002(6):83-88.
[②] COASE,RONALD H. The nature of the firm [M]. Macmillan Education UK,1995.
[③] 荣兆梓."科斯定理"与两种经济制度[J].经济研究,1991(9):7.
[④] 张军.道格拉斯·诺斯的经济增长理论述评[J].经济学动态,1994(5):4.
[⑤] 奥利弗·E.威廉姆森.资本主义经济制度:论企业签约与市场签约[M].北京:商务印书馆,2002.

安（Armen A. Alchian）与德姆塞茨在1972年的《产权经济学》中提出了产权理论，认为产权的界定和保护是经济效率的关键。他们分析了产权如何影响个体的经济激励和资源配置[1]。哈罗德·德姆塞茨（Harold Demsetz）在1967年的《产权的起源》中探讨了产权的起源和功能，强调产权的确立是为了减少资源竞争中的冲突，提高资源的使用效率[2]。这些学者的工作为制度经济学的发展奠定了基础，他们的理论至今仍对经济学、政治学、社会学等多个学科的研究产生深远影响。制度经济学的研究不仅关注正式的法律和规则，也关注非正式的社会规范和文化，以及这些制度如何塑造经济行为和经济结果。

（五）发展经济学理论

发展经济学是研究发展中国家经济增长和经济发展问题的学科，它在20世纪中叶逐渐形成并发展。阿瑟·刘易斯（Arthur Lewis）在1954年提出了著名的"二元经济"模型，该模型描述了发展中国家由传统农业经济向现代工业经济转型的过程[3]。他强调了农村剩余劳动力对工业化的重要性，并提出了"刘易斯拐点"概念，即当剩余劳动力被完全吸收后，工资将开始上升。保罗·罗森斯坦－罗丹（Paul Rosenstein－Rodan）在1943年提出了"大推动"（Big Push）理论，认为发展中国家需要通过大规模投资来克服市场不完善和基础设施缺乏的问题，以实现经济的自我持续增长[4]。艾伯特·赫施曼（Albert Hirschman）在1958年提出了"不平衡增

---

[1] DEMSETZ H, ARMEN A. ALCHIAN. The Property Right Paradigm[J]. Journal of Economic History, 1972, 33(1):16-27.

[2] DEMSETZ H. Toward a Theory of Property Rights[J]. Palgrave Macmillan UK, 1974.

[3] 陈吉元,胡必亮.中国的三元经济结构与农业剩余劳动力转移[J].经济研究,1994(4):9.

[4] ROSENSTEIN－RODAN P. Problems of Industrialisation of Eastern and South－Eastern Europe[J]. The Economic Journal, 1943.

长"（Unbalanced Growth）理论，认为经济发展可以通过某些关键部门或"引领部门"的增长来带动其他部门的发展[1]。约翰·H. 威廉姆森（John H. Williamson）在1989年提出了"华盛顿共识"（Washington Consensus）, 这是一系列经济政策建议，旨在促进拉美国家的经济改革和增长[2]。这些政策包括财政纪律、公共支出优先、税收改革、利率自由化、贸易自由化、竞争性市场、私有化和保护产权。林毅夫在21世纪初提出了"新结构经济学"（New Structural Economics），强调经济发展应基于国家的比较优势，并通过政府的积极作用来克服市场失灵和协调问题，以促进产业升级和经济增长[3]。约瑟夫·斯蒂格利茨（Joseph Stiglitz）在1990年代对发展经济学做出了重要贡献，他强调信息不对称和市场失灵在经济发展中的作用，并主张政府在提供公共品、纠正市场失灵和促进公平增长方面发挥关键作用[4]。这些理论为理解发展中国家面临的特殊经济问题提供了框架，并为政策制定者提供了指导。而后，发展经济学的理论不断演变，以适应全球经济环境的变化和发展中国家的实际需求。

三、生态与经济协调发展理论

（一）可持续发展理论

可持续发展理论是一个涉及环境、经济和社会多个方面的综合性理论，旨在实现人类长期福祉的同时，不损害地球的生态系统。"可持续发

---

[1] HOLZ C A. The unbalanced growth hypothesis and the role of the state: the case of China's state – owned enterprises[J]. Journal of Development Economics, 2011, 96(2):220 – 238.
[2] FITOUSSI J P, Saraceno F. The Brussels – Frankfurt – Washington Consensus. Old and New Tradeoffs in Economics[J]. Sciences Po publications, 2004.
[3] 林毅夫. 新结构经济学——重构发展经济学的框架[J]. 经济学（季刊）, 2010, 10(1):32.
[4] 约瑟夫·斯蒂格利茨, 等. 斯蒂格利茨经济学文集:发展与发展政策[M]. 北京:中国金融出版社, 2007.

展"一词最初来源于生态学,指的是对资源的管理战略模式,后被应用于经济学和社会学范畴。世界环境与发展委员会(World Commission on Environment and Development,WCED)于1987年发布了《我们共同的未来》报告,提出了著名的可持续发展定义:"既能满足当代人的需要,又不对后代人满足其需要的能力构成危害的发展。"这一定义强调了代际公平和资源的合理利用。该主题对人类共同关心的环境与发展问题进行了全面的论述,引起世界各国和地区的共鸣,因此被广泛关注,之后在学界掀起一场更加狂热的浪潮[1]。尼古拉斯·斯特恩(Nicholas Stern)在其2006年的《斯特恩报告》中强调了气候变化对经济的长期影响,并提出了应对气候变化的经济政策建议[2]。他的研究推动了全球对气候变化和可持续发展问题的关注。阿姆里·莱文斯(Amory Lovins)是可持续能源和绿色设计的先驱,他提出了"软能源路径"(soft energy paths)的概念,主张通过提高能源效率和使用可再生能源来实现可持续发展[3]。詹姆斯·洛夫洛克(James Lovelock)提出了"盖亚假说"(Gaia hypothesis),认为地球的生物圈是一个复杂的、自我调节的系统。该理论强调了人类活动对地球生态系统的影响,以及人类需要与自然和谐共存的必要性,借此实现可持续的发展[4]。保罗·霍肯(Paul Hawken)是《绿色资本主义》(*Natural Capitalism*)一书的合著者,该书提出了一种新的经济模式,强调通过创新和效率

---

[1] 李龙熙.对可持续发展理论的诠释与解析[J].行政与法,2005(1):3-7.
[2] 任小波,曲建升,张志强.气候变化影响及其适应的经济学评估——英国"斯特恩报告"关键内容解读[J].地球科学进展,2007(7):754-759.
[3] LOVINS A B. Soft Energy Paths: Toward a Durable Peace[J]. American Journal of Physics, 1977, 46(4):960-963.
[4] LOVELOCK J E, MARGULIS L. Atmospheric homeostasis by and for the biosphere: the gaia hypothesis[J]. Tellus, 1974.

提升来实现经济增长与环境保护的双赢,是对可持续发展实现路径的理论分析和实证研究[1]。 艾尔文·托夫勒(Alvin Toffler)在其著作《第三次浪潮》中提出了后工业社会的愿景,强调信息技术和可持续发展的重要性,以及社会结构和生产方式的转变[2]。 与之类似的中国学者诸大建是可持续发展研究领域的权威专家,他提出了可持续发展的多维视角,强调经济、社会、环境和治理的整合,借此实现可持续经济、可持续生态和可持续社会三方面的协调统一[3]。 这些研究者的工作不仅推动了可持续发展理论的发展,也为全球环境政策和可持续发展实践提供了理论基础和指导。 这些理论强调了人类活动与自然环境之间的相互依存关系,以及在经济发展中考虑环境保护和社会公正的重要性。

(二)循环经济理论

循环经济理论是一种旨在通过减少资源消耗和废物产生,实现资源高效利用和环境友好型经济发展的模式。 肯尼斯·波尔丁(Kenneth Boulding)在1966年提出了"宇宙飞船理论",这是循环经济理论的早期代表。 他将地球比作一艘宇宙飞船,资源有限,人类必须将有限的资源循环利用,以实现可持续发展[4]。 尼占拉斯·斯特恩(Nicholas Stern)在其2006年的《斯特恩报告》中强调了气候变化对经济的长期影响,并提出了应对气候变化的经济政策建议,这些观点与循环经济的理念相契合。 诸大建提出了循环经济的多维视角,强调经济、社会、环境和治理的整合。 他还提

---

[1] LOVINS L H , LOVINS A , HAWKEN P . Natural Capitalism: The Next Industrial Revolution[J]. Natural capitalism: the next industrial revolution, 2010.

[2] 中国科学技术情报研究所.第三次浪潮[M].北京:科学技术文献出版社,1984.

[3] 诸大建.可持续发展呼唤循环经济[J].科技导报,1998(9):5.

[4] 薛惠锋.日本、德国发展循环经济的考察与启示[J].国际学术动态,2009(2):4.

出了适合中国国情的循环经济发展模式,即 C 模式,强调在经济增长的同时实现资源效率的提升和环境压力的减轻①。艾伦·麦克阿瑟基金会(Ellen MacArthur Foundation)致力于发展和推广循环经济理念,并与企业、学术界、政策制定者和机构合作,推动大规模的系统性解决方案的形成。基金会提出了循环经济的"3R"原则:Reduce(减量化)、Reuse(再利用)和 Recycle(资源化)②。温宗国在循环经济产业研究方面有深入的研究。他强调循环经济在实现碳中和目标中的作用,包括减少对化石能源的依赖、降低对非能源资源的消耗以及培育新的经济增长点。这些研究者的工作不仅推动了循环经济理论的发展,也为全球环境政策和可持续发展实践提供了理论基础和指导。这些理论强调了人类活动与自然环境之间的相互依存关系,以及在经济发展中考虑环境保护和社会公正的重要性。

(三)绿色增长理论

绿色增长理论是关于如何在促进经济增长的同时减少对环境的负面影响,实现经济与环境的可持续发展的理论。穆尔盖(Murgai)在 2001 年明确提出了"绿色增长"的概念,强调在经济发展过程中应考虑环境保护。联合国亚洲及太平洋经济社会委员会(ESCAP)在 2005 年将绿色增长视为实现可持续发展的关键战略,认为绿色增长是环境可持续的经济过程③。经济合作与发展组织(OECD)在 2011 年发布的《迈向绿色增长》报告中,将绿色增长定义为在防止环境破坏的同时追求经济增长和发展的途

---

① 诸大建.从可持续发展到循环型经济[J].世界环境,2000(3):7.
② 韩宝平,孙晓菲,白向玉,等.循环经济理论的国内外实践[J].中国矿业大学学报:社会科学版,2003(1):7.
③ YEKANG KO,DEREK K. Schubert,Randolph T. Hester."绿色增长"之战[J].低碳世界,2011(4):52-58.

径①。 UNEP（联合国环境规划署）在2011年对绿色经济进行了定义,强调提高人类福祉和社会公平的同时显著降低环境风险和生态稀缺性的经济发展模式②。 胡鞍钢、周绍杰构建了"三圈模型",提出绿色发展体现为经济、社会和自然系统的共生性,反映为绿色增长、绿色财富和绿色福利的耦合关系③。 这些研究者的工作不仅推动了绿色增长理论的发展,也为全球环境政策和可持续发展实践提供了理论基础和指导。 他们的理论强调了在经济发展中考虑环境保护的重要性,并提出了实现绿色增长的具体途径和策略。

(四)环境外部性理论

环境外部性理论是环境经济学中的一个重要概念,它描述了经济活动对环境产生的影响,这些影响可能是正面的（正外部性）或负面的（负外部性）,并且这些影响往往不通过市场机制得到补偿或纠正。 阿尔弗雷德·马歇尔（Alfred Marshall）是现代经济学的奠基人之一,他在20世纪初提出了外部性的概念。 他认为,外部性是指一个经济主体的行为对另一个经济主体产生的非市场化影响④。 阿瑟·庇古（Arthur Pigou）在1920年的著作《福利经济学》中进一步发展了外部性理论,提出了庇古税的概念,即通过对产生负外部性的经济活动征税,以及对产生正外部性的活动提供补贴,来纠正市场失灵⑤。 曼瑟尔·奥尔森（Mancur Olson）在20世纪中

---

① 曹东,赵学涛,杨威杉.中国绿色经济发展和机制政策创新研究[J].中国人口·资源与环境,2012,22(5):48-54.

② 李飞,宋玉祥,付加锋.全球"绿色新政"及其对中国的启示[J].生态经济,2010(6):3.

③ 胡鞍钢,周绍杰.绿色发展:功能界定、机制分析与发展战略[J].中国人口·资源与环境,2014,24(1):14-20.

④ KEILBACH M. Marshallian Externalities and the Dynamics of Agglomeration and Regional Growth[J]. Physica Verlag, 1999.

⑤ 阿瑟·塞西尔·庇古.福利经济学[M].朱泱,张胜纪,吴良健,译.北京:商务印书馆,2017.

叶的研究中探讨了外部性与公共选择理论的关系，他分析了利益集团如何影响政策制定，以及这些影响如何可能导致经济效率的损失[1]。埃德蒙德·菲尔普斯（Edmund Phelps）在环境外部性的研究中强调了经济增长与环境质量之间的关系，他的工作对理解环境政策如何影响经济绩效提供了理论基础[2]。这些研究者的工作为理解环境外部性及其对经济政策的影响提供了理论基础，这些理论至今仍对环境经济学和政策制定产生举足轻重的影响。

第二节　高质量发展的经济理论

在全球化背景下，中国经济的高质量发展不仅是国内发展的需求，也是对全球经济稳定和发展的重要贡献。中国作为世界经济的发动机和稳定器，其高质量发展模式对其他发展中国家具有借鉴意义。党的十八大以来，中国经济发展质量取得显著成就，但与高质量发展的要求还存在差距。主要表现为传统模式中不均衡、不协调、不充分的发展矛盾日益突出，高速低质发展模式的弊端日益显露，而新的发展模式、体制机制尚不健全、高端要素供给存在短板，严重阻碍了我国经济的长期可持续的发

---

[1] 陈旭东.公共选择理论与中国公共财政[J].理论学刊,2005(7):2.
[2] 埃德蒙德·菲尔普斯.经济增长黄金律[M].张延人,译.北京:机械工业出版社,2015.

展。高质量发展是中国经济持续健康发展的必由之路，经济学界对高质量发展的研究不断深入，涉及理论创新、政策制定、实践路径等多个层面。研究者们从不同角度探讨了高质量发展的内涵、理论、挑战和对策，为政策制定提供了理论支持和实践指导。

一、高质量发展的内涵研究

自改革开放以来，中国经济经历了四十年的发展，目前正在从高速增长向中高速增长转变，同时从重视增长速度转向注重发展质量。高质量发展的定义在经济学界尚无一致标准。有些是从广义宏观层面，采用社会发展的几项高级维度进行分类评估，例如，"五大发展理念"下分的创新、协调、绿色、开放、共享。有些是从狭义微观层面进行评价，例如，投入产出效率、经济效益分析和社会效益分析等。有些是强调经济增长的多个方面，例如创新水平、生态文明建设、民生改善、区域协调等。既有文献和研究大体可归为两类。

(一)广义宏观层面

从广义宏观层面来看，经济高质量发展可以从多个维度进行分类，分类体现了高质量发展的全面性、系统性和战略性，旨在通过国家顶层发展方向的改革和创新，实现经济的长期稳定健康发展。宏观层面的高质量发展体系主要从创新驱动力、区域协调发展、绿色可持续发展、供给侧结构性改革等顶层设计进行考虑。詹新宇和崔培培（2016）基于"五大发展理念"逻辑，从创新、协调、绿色、开放、共享五个方面评估了中国2000—

2014年的省级的经济发展质量①。牛桂敏和王会芝（2015）指出应强化资源环境生态指标，提出了包括经济发展、资源利用、环境质量、生态安全、社会进步5个方面29项指标的"五位一体"发展评价指标体系②。李娟伟和任保平（2013）构建了由经济增长的稳定性、经济结构、生产效率、生态环境代价、国民经济素质、福利变化与成果分配6个维度，共37项指标组成的经济增长质量总体评价指标体系③。任保平（2019）针对黄河流域提出应以生态环境保护和高质量发展为目标，从分类发展、协同发展、绿色发展、创新发展、开放发展五个维度出发推动黄河流域的高质量发展④。孙豪（2020）等基于新发展理念构建经济高质量发展指标体系，指出经济发展水平高低并不妨碍经济的高质量发展方向，依靠改善经济发展过程和弥补短板依然可以提高经济发展质量⑤。朱启贵（2018）认为，高质量发展一是贯彻新发展理念，二是坚持质量第一、效益优先，三是以供给侧结构性改革为主线，四是供给体系和产业结构迈向中高端，五是国民经济创新力和竞争力显著增强，六是能够很好满足人民日益增长的美好生活需要⑥。何强（2014）将经济增长的质量界定为生产要素禀赋、资源环境、经济结构、收入结构约束下的经济增长效率⑦。刘志彪（2018）指

---

① 詹新宇,崔培培.中国省际经济增长质量的测度与评价——基于"五大发展理念"的实证分析[J].财政研究,2016(8):40-53.
② 邓ါ乐,王会芝,牛桂敏.生态文明视阈下城市经济社会发展评价体系设计研究[J].未来与发展,2015(6):37-40,75.
③ 李娟伟,任保平.中国经济增长新动力:是传统文化还是商业精神？——基于文化资本视角的理论与实证研究[J].经济科学,2013(4):5-15.
④ 任保平,张倩.黄河流域高质量发展的战略设计及其支撑体系构建[J].改革,2019(10):9.
⑤ 孙豪,桂河清,杨冬.中国省域经济高质量发展的测度与评价[J].浙江社会科学,2020(8):4-14.
⑥ 李旭辉,朱启贵.基于"五位一体"总布局的省域经济社会发展综合评价体系研究[J].中央财经大学学报,2018(9):107-117.
⑦ 何强.要素禀赋、内在约束与中国经济增长质量[J].统计研究,2014(1):8.

出,高质量发展的内涵涵盖了多个方面,包括制定发展战略转型计划、构建现代产业体系、深化市场体系改革、调整分配结构、优化空间布局、建立生态环境补偿机制,以及积极参与全球化经济等[①]。

(二)狭义微观层面

从狭义微观层面来看,经济高质量发展主要关注某一领域层面的质量和效益提升,在该领域追求经济效益的同时,也注重社会效益和环境效益,以实现该领域与全局发展的适配和协调。 汪同三(2018)认为,微观层次的高质量发展要确保产品和服务满足消费者的质量需求[②]。 麻智辉(2019)认为,高质量发展就是资源配置效率和微观生产效率大幅提高,创新成为引领经济发展的第一动力,战略性新兴产业、高新技术产业比重不断提高,实现由低技术含量、低附加值产品为主向高技术含量、高附加值产品为主转变,实现由高成本、低效益向低成本、高效益转变,实现由高排放、高污染向循环经济和环境友好型经济转变[③]。 段国蕊(2021)从产业结构、产业组织、速度效益、产业创新、对外开放、贸易竞争力、生态效益、社会贡献八大维度构建了制造业高质量发展的综合评价指标体系,分析了各省的制造业的高质量发展的微观差异化特征,为山东制造业整体发展提供建议对策[④]。 潘雅茹(2020)等评估了基础设施投资角度对经济高质量发展的影响,基础设施投资能够显著推动经济高质量发展,且

---

① 刘志彪.理解高质量发展:基本特征、支撑要素与当前重点问题[J].学术月刊,2018,50(7):39-45,59.
② 汪同三.深入理解我国经济转向高质量发展[J].共产党人,2018.
③ 麻智辉.区域经济创新与协调发展研究[M].南昌:江西人民出版社,2019.
④ 段国蕊,于靓.制造业高质量发展评价体系构建与测度:以山东省为例[J].统计与决策,2021,37(18):99-102.

可以通过影响产业结构、技术进步和资源配置间接促进经济高质量发展①。荆文君（2019）等从微观层面探讨了数字经济促进经济高质量发展的内在激励，在微观层面，互联网、移动通信、大数据等构成的经济环境便于形成更完善的市场价格机制，对提高经济的均衡水平具有正向作用②。

综合来看，尽管对经济高质量发展的定义存在差异，但它强调提高经济增长的多个方面，是一个相对综合的概念。为了更全面地衡量社会经济发展的质量，研究者倾向于构建包括多个维度的指标体系，以更准确地评估和比较各地区或国家的经济发展质量。目前学术界逐渐将更多的指标纳入高质量发展评估体系中，丰富了原有较为单一的或不全面的评估体系。然而，这种将越来越多的指标纳入评估框架体系的趋势的不良后果是对所研究科学问题的聚焦程度下降、侧重点缺失、指标体系设置的科学性降低以及各指标之间的共线度提升。鉴于这种研究的弊端，重新思考各指标之间的关系，凝练研究的重点，构建紧凑、科学、与时俱进的高质量发展评估体系是高质量发展研究的当务之急。

二、高质量发展的理论研究

习近平总书记在中国共产党第十九次全国代表大会上作了《决胜全面建成小康社会，夺取新时代中国特色社会主义伟大胜利》的报告。报告指出："我国经济已由高速增长阶段转向高质量发展阶段，正处在转变发展方式、优化经济结构、转换增长动力的攻关期，建设现代化经济体系是跨

---

① 潘雅茹，罗良文.基础设施投资对经济高质量发展的影响：作用机制与异质性研究[J].改革，2020(6):100-113.

② 荆文君，孙宝文.数字经济促进经济高质量发展：一个理论分析框架[J].经济学家，2019(2):66-73.

越关口的迫切要求和我国发展的战略目标。"在统计学和经济学的研究中,"经济高速发展"是一个较易识别和分析的概念,因为只需要将经济学变量放入统计模型中,就能够较为容易地判断出其增长的显著程度。而衡量经济发展的质量却需要从其本质上进行探讨,从理论上找到决定经济高质量发展的过程和过程关系。

(一)政治经济学的质量经济理论

党的十九大报告指出:"建设现代化经济体系,必须把发展经济的着力点放在实体经济上,把提高供给体系质量作为主攻方向。"依据马克思主义政治经济学的质量经济理论,建立起宏观、微观相结合的中国特色的社会主义质量经济学理论,对指导中国特色社会主义新时代高质量发展具有重要的现实意义。

1. 微观层面

马克思在《资本论》中分析了简单劳动和复杂劳动的差别,并指出复杂劳动(即具有技术专长的劳动)可以转化为多倍的简单劳动。这种劳动质量的差别直接影响产品质量。产品质量与劳动质量之间存在循环影响:过去的劳动质量影响产品质量,而产品质量又反过来影响当前的劳动质量和产品质量。产品质量的提升依赖于生产过程中劳动的完善程度和目的性,即劳动必须具有正常品质和强度,以确保产品满足社会需求。马克思认为,产品质量决定着社会必要劳动时间的凝结量,进而影响产品的价值量。高质量产品能够凝结较多的价值,因此具有较高的价值量。产品质量与商品经济的一般规律(等价交换)紧密相关。商品必须具备一定的质量,否则无法在市场上竞争。质量是使用价值的重要方面,产品的使用价值不仅取决于数量,还取决于质量。质量的提升可以增加使用价值量。

使用价值具有二重性，包括物质属性（产品的品质或耐久性）和社会属性（产品的实用性功能）。商品质量必须符合社会必需的质量水平，以实现社会使用价值。

总的来说，从微观层面，促进经济的高质量发展需要微观主体提高劳动质量，例如，企业应通过技术研发、技术改造、新材料和新工艺的应用来提高劳动质量，从而提升产品质量；依据需求端消费水平的升级提高供给质量，例如，随着消费者对产品质量要求的提升，企业需要生产更高质量、更安全、更环保的产品；依据世界新科技革命和新产业革命的要求，进一步提高企业的发展质量，例如，企业应通过创新提高管理质量，优化生产流程，提升研发水平，以适应新的科技革命和产业变革。微观质量的提升是实现高质量发展的基础，需要企业、政府和社会共同努力，通过提高劳动质量、优化产品结构、创新技术和管理，以及适应市场需求的变化，来推动微观经济质量的全面提高。

2. 宏观层面

宏观质量发展的理论主要基于马克思在《资本论》中对生产过程、生产力和经济增长质量的分析。首先是质量循环再生产，马克思认为社会再生产是数量再生产循环和质量再生产循环的有机统一体。在这个循环过程中，产品质量水平的提高是通过再生产系统中数量和质量循环的有机统一来实现的。生产过程中的质量取决于生产条件的质量，而生产条件的质量又取决于提供生产条件的产业的质量。在质量循环的过程中，不同环节和部门之间是相互影响的。其次是生产力质量，马克思的生产力理论强调生产力具有质量特征，生产力质量的标志是生产力的效率。生产力效率的提高意味着在同样的时间内提供的使用价值量增多。生产力的变化会影响劳动所提供的使用价值量，但不会影响同一劳动在同样时间内提供的价值量。生产力质量的提升依赖于技术进步和创新，技术创新能够通过提高要素的结合效率和剩余价值转换为资本的使用效率来提升要素质量。最后是有关经济增长质量的分析，马克思在《资本论》中区分了外延扩大的再生产和内涵扩大的再生产。外延扩大的再生产依赖于要素投入数量的增加，而内涵扩大的再生产则依赖于生产要素使用效率的提高。另外，社会再生产理论指出，经济结构的平衡对于社会扩大再生产的实现至关重要。这包括供需结构、产业结构、市场结构等方面的平衡。经济结构的优化升级是实现高质量发展的关键。马克思还提出了粗放经营和集约经营两种经济增长方式。粗放型经济增长依赖于要素数量的投入，而集约型经济增长则依赖于生产要素的质量和使用效率的提高。

在具体的宏观经济质量的提升中，发展应该以技术创新为核心，形成高质量宏观经济发展所依赖的技术创新支持体系，提高经济增长和运行的效率，例如，通过改善创新条件、完善创新过程、提升创新结果三个维度来推动创新驱动，以实现经济高质量发展；加强体制创新，为高质量宏观经济发展建立激励导向机制，包括完善质量型的经济评价体制和宏观调控新体制，例如，应从宏观、中观和微观层面优化经济结构，包括深化供给侧改革、加强产业结构优化、推进区域经济均衡发展以及完善市场机制；进行发展战略转型，为高质量宏观经济发展提供战略支持，从数量追赶战略向质量效益战略转型；要提升发展效率，例如，提高技术效率、劳动效率和资本效率。这包括消除要素流动中的制度壁垒、优化人力资本结构、缓解劳动力转移刚性以及提升国企资本使用效率和资本配置效率。总体来说，在宏观经济层面上，不仅要关注数量的增长，更要注重增长的质量和效益，实现经济结构的优化和产业的升级。

(二)价值进步论

《关于"高质量发展"的经济学研究》由金碚撰写，主要探讨了高质量发展的经济学含义、理论基础以及实现高质量发展的体制机制。笔者粗浅地将该学者的观点表示为"价值进步论"①。在经济学中，质量通常与产品能够满足实际需要的使用价值特性相关。在竞争性领域，质量还指具有更高性价比的质量合意性和竞争力特性。学者主要观点为高速增长阶段主要关注经济产出的供给量不足，而高质量发展阶段则更加注重产品和经济活动的使用价值及其质量合意性。这要求经济发展的质态发生变化，从主要侧重于产品总量增加转向更加注重使用价值侧的不断进步。新时代的经济发展质态变化显著，如从低收入变为中等收入、从生产力落后变为世界第二大经济体等。这些变化导致了发展理念的实质性转变，即从追求物质财富转向追求更高质量的发展。实现高质量发展需要新的制度安排和机制转换，包括市场在资源配置中发挥决定性作用、健全的产权保护制度、政府在市场治理中发挥积极作用以及创新驱动的经济。

(三)其他研究

关于高质量发展的理论导向的其他研究包括但不局限于以下几类。一是提高供给的有效性。供给侧结构性改革是提高供给有效性的关键，需要通过产业和产品结构的调整来适应需求结构的变化。科技和产业创新是提升技术供给的重要途径，包括提高企业自主创新能力、推进传统产业现代化转型、促进科技和教育制度创新。发挥民间投资的作用，优化供给主体

---

① 金碚.关于"高质量发展"的经济学研究[J].中国工业经济，2018(4):5-18.

结构，通过制度激励和政策引导释放民间投资活力。二是实现公平的发展。在初次分配领域建立提高劳动报酬比重的机制，确保劳动者报酬与劳动生产率提高同步。在再分配领域强化公平分配的机制，通过税收调节和社会保障制度缩小收入差距。解决财富公平问题，提供增加居民财产收入的途径，完善生产要素市场，保护公民财产权。三是走生态文明道路。优化国土空间开发格局，实现经济效益、社会效益和生态效益的协调。推进主体功能区战略，强化生态服务功能，推动环境质量监测与评估考核体系建设。推进绿色发展，完善绿色经济体系、产业体系、制度体系和政策体系，提高资源利用效率。建立科学的绿色发展制度体系，构建产权清晰、制度约束、激励导向的绿色经济体系。深度参与全球气候治理，推动世界绿色发展，维护全球生态安全。四是强调人的现代化。提升人的思想观念、素质能力，实现人的思想意识、知识素质、综合能力、行为方式、经济关系和社会关系等方面的现代转型。以制度创新为保证，实现人的现代化，消解旧的传统制度对人的发展的阻抗，规范人在新的经济、政治、文化生活领域的发展行为。这些理论导向强调了在新时代背景下，中国经济需要从过去的数量型增长模式转向更加注重质量、效益、公平、生态文明和人的全面发展的高质量发展模式。这要求在经济发展的各个方面进行深入的改革和创新，以适应新时代的发展要求。

第三章
流域生态保护与经济协调发展的研究进展

在当今全球环境面临转折的情况下,生态保护与经济协调发展成为全球关注的焦点。这一议题涉及如何在经济增长和生态环境保护之间寻求平衡,以确保实现社会、经济、生态的可持续发展。本章将系统地回顾流域在生态保护与经济协调发展领域的研究进展,从理论探讨到实证研究,从政策制定到实践推行,以期为深入理解这一议题提供客观全面的分析。通过对相关文献和案例的综述分析,本章将探讨生态保护与经济发展之间的关系,揭示其相互作用机制,以及推动两者协调发展的可行路径。

第一节　流域生态保护和经济发展的治理经验

国外在流域生态保护和经济发展方面的案例有很多，以下是一些著名的案例。

(一)德国莱茵河治理

莱茵河是欧洲最重要的河流之一，流经多个国家。20世纪中叶，莱茵河受到严重污染，生态系统受损。为了恢复河流的生态健康，德国和其他沿岸国家共同制定了《莱茵河行动计划》，通过国际合作，实施了一系列污染控制和生态恢复措施。这些措施包括建立污水处理厂、限制工业排放、恢复河流自然流态等。经过数十年的努力，莱茵河的水质和生态系统得到了显著改善[1]。

对莱茵河的治理可划分为四个主要阶段：第一阶段是早期治理（19世纪至20世纪中叶）：在19世纪上半叶，莱茵河的治理主要集中在河道整治，以改善航运条件和防洪。19世纪下半叶至20世纪初，随着工业化的加速，莱茵河沿岸国家开始大规模建设大坝和堰坝，以满足发电需求。这一时期，莱茵河的水质开始恶化。第二阶段是污染治理阶段（20世纪中叶）：二战后，莱茵河的污染问题日益严重，被称为"欧洲的下水道"。1950年，荷兰、德国、瑞士、卢森堡、法国等国家成立了保护莱茵河国际

---

[1] 郭焕庭.国外流域水污染治理经验及对我们的启示[J].环境保护,2001(8):39-40.

委员会（ICPR），开始跨国合作治理莱茵河。1963年，沿岸国家签订了《莱茵河保护公约》，但初期成效有限。第三阶段是生态修复阶段（1987年至2000年）：1986年，瑞士桑多兹化学公司仓库火灾导致大量有毒化学物质流入莱茵河，这一事件成为莱茵河治理的转折点。1987年，各国协商制定了《莱茵河行动计划》，旨在全面改善莱茵河的生态环境。1990年代，莱茵河沿岸国家实施了一系列污染控制措施，包括建立污水处理厂、限制工业排放等。第四阶段是可持续发展计划（2000年至今）：2001年，莱茵河流域国家通过了《莱茵河2020计划》，旨在进一步改善莱茵河的生态系统，提高防洪能力，改善水质，保护地下水。该计划强调了生态、经济和社会三个方面的平衡发展，提出了一系列具体目标和措施。2020年，保护莱茵河国际委员会通过了《莱茵河2040计划》，继续推进莱茵河的可持续发展。

在莱茵河治理过程中，相关的政策和措施发挥着较为重要的作用，具体可以总结为五个方面：一是制定严格有效的法律法规。德国和沿岸国家制定了严格的环保法规，如《水平衡管理法》和《废水征费法》，以及执行《欧盟水框架指令》。二是达成紧密的国际合作。通过ICPR等国际组织，沿岸国家共同制定和实施治理计划，确保莱茵河的跨境治理。三是建立监测预警体系。在后期的治理过程中，沿河国家依靠较为前沿的科技实力，建立了完善的水质监测网络，实时监控莱茵河的水质状况，并建立了预警系统。四是采用综合治理的方式。采取了包括工业污染控制、农业面源污染管理、城市污水处理、生态修复等多方面的综合治理措施。五是积极鼓励公众参与。鼓励公众参与水环境保护，提高环保意识，并通过教育和信息公开等方式增强公众对莱茵河治理的理解和支持。莱茵河的治理经验表明,跨国河流的生态保护和经济发展需要国际合作、法律法规的支持、科学的治理措施以及公众的广泛参与。通过这些努力,莱茵河从一条污染严重的河流转变为一条生态健康、经济繁荣的河流,成为全球河流治理的典范。

(二)美国基西米河生态修复工程

基西米河位于美国佛罗里达州,曾经因为防洪和航运的需要而被渠化。渠化后,河流的生态环境遭到破坏。为了恢复河流的自然状态,美国政府实施了一系列生态修复工程,包括拆除部分拦河坝、恢复河流的自然弯曲、重建湿地等。这些措施旨在恢复河流的自然水文周期,提高生物多样性,同时也促进了当地的旅游业发展[①]。

基西米河生态修复工程主要可划分为三个阶段。第一阶段是问题识别与规划阶段(1970年代末至1980年代初)。在1970年代后半期,基西米河的生态退化引起了社会的关注。河流的渠化工程虽然帮助当地实现了航运上的便利,带来了不菲的经济价值,但是随之却导致了生态系统的严重破坏,包括生物栖息地的丧失和生物多样性的减少。为了解决这些问题,美国相关部门开始组织一系列的生态修复试验,并在1980年代初进行了长期的观测研究和评估。第二阶段是试验性工程与规划(1984年至1989年)。在这一阶段,进行了试验性建设,以评估回填人工运河的稳定性和对当地水资源需求的影响。第三阶段是正式工程实施(1990年代至今)。1990年代,基西米河生态修复工程正式启动。工程的目标是重建自然河道和恢复自然水文过程,包括恢复宽叶林沼泽地、草地和湿地等多种生物

---

① 吴保生,陈红刚,马吉明.美国基西米河生态修复工程的经验[J].水利学报,2005,36(4):5.

栖息地。工程措施包括改变上游水库的运用方式、修建拦河坝、回填被渠化的河道等，以恢复河道原有的自然水文水力条件。

与工程相配套的政策与措施在整个过程中也发挥了重要的作用，其主要的措施有以下几种。一是土地征购。为了工程的顺利实施，佛罗里达州政府征购了河流洪泛平原的大部分私人土地。二是谨遵生态恢复的工程实施原则。工程遵循生态系统整体恢复的理念，强调在追求河道过流能力的同时，保留一定的槽蓄作用，使河槽与滩地具备上水更新的能力。三是多项措施促进水文条件恢复。通过调整水库的运用方式，恢复河流的自然水文周期，包括洪水脉冲的恢复，以保护生物多样性。四是生物栖息地重建。通过恢复河流的自然形态，重建了鱼类和野生动物的栖息地，提高了生态系统的生物多样性。基西米河生态修复工程的经验表明，河流恢复需要综合考虑水文、地貌、生态等多个方面，采取科学合理的措施，以实现河流生态系统的可持续发展。这一工程为全球河流生态修复提供了宝贵的经验和启示。

(三)厄瓜多尔流域生态补偿

厄瓜多尔政府为了保护水源区的生态环境，实施了流域生态补偿机制，通过建立水资源保护基金，向保护水源区生态环境的居民和企业提供经济补偿。这种补偿机制促使当地社区参与到生态保护中来，同时也为水资源的可持续利用提供了保障[1]。

通过建立基金对流域的生态环境进行保护在当时是一项有益且新颖的尝试。基金的建立和运作主要包括两个阶段。第一阶段是基金建立阶段

---

[1] 赵玉雪.跨省流域生态补偿机制构建研究[D].福州:福建师范大学,2016.

（1998 年）：在 Nature Conservancy，USAID 和 Fundacón Antisana 的支持下，基多的水资源保护基金开始启动。这是厄瓜多尔通过建立信用基金补偿制度促进流域保护的第一次尝试。第二阶段是资金筹集与运作（2000年开始）。自 2000 年以来，厄瓜多尔在全国各地逐步设立了水利基金，包括基多、昆卡、瓜亚基尔以及该国中部和南部区域。基金的经费主要来源于向生活用水以及工业和农业用水户征收的费用。用户也可以成立协会向基金捐款。基金的运作模式是由一个私营资产管理者以及董事会管理，董事会由来自地方社区、水电企业、国家区域保护专家、地方非政府组织和政府的代表所组成。这些基金采用基于自然的解决方案来确保水安全，通过将用户付款投入保护工作中来确保可持续的水管理和供应。

在维护基金实施和生态保护过程中，当地政府和组织同样采取了较为完善的管理机制和措施。首先是保证资金的来源。基金的资金来源多样，包括用水户支付的水费、国家和国际渠道的补充资金等。其次是基金的管理机构独立于政府，运作模式是由一个私营资产管理者以及董事会管理，董事会由来自地方社区、水电企业、国家区域保护专家、地方非政府组织和政府的代表所组成。通过与环境专家的合作，确保基金实施和生态保护与政府规划的一致性。另外，项目由专业团体执行，并吸纳地方参与。在透明度与参与方面，基金要求管理费用控制在总费用的 10%—20%，并且鼓励地方社区参与，以提高项目的透明度和可持续性。最后是补偿方式方面，厄瓜多尔的流域生态补偿模式强调了产权明晰、法律体系完善、政府与市场共同作用、补偿标准的确定、利益相关方的作用以及具体模式因国情不同而存在差异。厄瓜多尔的这一实践展示了如何通过建立专门的基金来促进流域保护，并通过多元化的资金来源和地方参与来确保项目的长期有效性。这种模式为其他国家和地区在流域生态补偿方面提供了宝贵的经验。

(四)日本琵琶湖综合开发

琵琶湖是日本最大的淡水湖,曾经面临严重的水污染问题。为了解决这一问题,日本政府制定了《琵琶湖综合开发特别措施法》,通过法律手段推动湖泊的综合管理和保护。政府投资建设了污水处理设施,改善了湖泊的水质,同时也促进了周边地区的经济发展[①]。

日本琵琶湖的开发治理和经济发展经历了以下几个主要阶段。第一阶段是环境问题的认识与初期治理(20世纪60年代)。随着日本经济的高速发展,琵琶湖周边的工业和城市化进程加快,导致湖泊受到严重污染,水质恶化、赤潮和绿藻问题频发。日本政府开始认识到环境问题的严重性,并开始采取措施保护琵琶湖。第二阶段是全面治理与综合发展工程阶段(1970年代至2000年代)。1972年,日本政府启动了"琵琶湖综合发展工程",这是一个历时近40年的大型治理项目。治理措施包括城市生活污水处理、工业污染控制、农村面源污染治理、生态修复等。滋贺县建立了高度发达的污水管网体系,城市公共下水道普及率达到87.3%,污水处理厂执行严格的排放标准。对工业污染源制定了严格的排放标准,并对愿意治理但缺乏资金的企业提供资金援助。农村面源污染得到有效控制,农业生产方式转向环保型,减少化肥使用,推广精准施肥和堆肥技术。第三阶段是生态修复与环境教育阶段(21世纪初至今)。琵琶湖被划定为"生态景观形成地域",政府制定了森林保护条例和野生动植物保护条

---

① 陈静.日本琵琶湖环境保护与治理经验[J].环境科学导刊,2008,27(1):37-39.

例,以恢复生态系统平衡。通过建设湖边平原和山地森林生态系统,加强湖泊景观建设,提高公众环境意识。举办"琵琶湖环保产业展览会",推广环保产品和服务,提高公众参与度。

琵琶湖的综合开发和治理过程中,制定了一系列法规和条例,如《琵琶湖富营养化防治条例》,以及严格的环境法律。实施分流域整治,对琵琶湖周边流域进行详细调查研究,并根据情况制定整治措施。在湖泊治理取得很好的社会效益和生态效益时,当局通过引导教育和开展宣传活动,鼓励民众参与环境保护,实现了生态文化的养成和传播。琵琶湖的治理经验表明,综合治理、政策引导、技术创新和公众参与是实现湖泊水质改善和生态恢复的关键。这些经验为其他国家和地区在湖泊治理和经济发展方面提供了宝贵的参考。

这些案例展示了国外在流域生态保护和经济发展方面的经验,通过国际合作、法律制度、经济激励等手段,实现了生态环境的改善和经济的可持续发展。

第二节 流域生态保护和经济发展对黄河流域的经验启示

(一)省域合作与政策协调

黄河流域的生态保护和高质量发展是一个复杂的系统工程,涉及众多省份和地区的利益协调，以及可能的国际合作。通过莱茵河的案例，我们可以看到跨国河流的成功管理需要沿岸国家之间的紧密合作和协调。对黄河流域而言，我们需要注重加强上下游合作，积极寻求国际合作等以实现其高质量发展。一是建立流域管理协调机制。黄河流域涉及多个省份，需要建立一个跨省份的协调机制，确保上下游省份之间的利益平衡和政策一致性。这种机制可以是政府间的协商会议，也可以是一个常设的管理机构，负责协调流域内的水资源管理、生态保护和经济发展等事务。二是制定流域综合规划。在流域管理协调机制的基础上，制定一个全面的流域综合规划，涵盖水资源管理、污染防治、生态修复、产业发展等多个方面。规划应当考虑到上下游省份的不同需求和特点，以及气候变化等不确定因素。三是推动区域经济一体化。黄河流域的省份可以通过区域经济一体化，实现资源共享、优势互补。例如，上游地区可能拥有丰富的自然资源和生态旅游资源，而下游地区则可能在工业和服务业方面更为发达。通过区域经济一体化，可以促进产业转移和优化布局，实现流域内的经济协调发展。四是加强国际合作。黄河流域位于中国境内，但其生态保护和可持续发展的经验可以为其他国际河流管理提供借鉴。中国可以与莱茵河等国际河流的管理机构进行交流合作，学习先进的管理经验和技术，同时也可以在"一带一路"倡议等多边框架下，推动黄河流域的国际合作项目。五是利用国际资金和技术支持。在生态保护和可持续发展项目中，可以寻求国际组织和外国政府的资金和技术支持。例如，世界银行、亚洲开发银行等国际金融机构都有支持流域管理和生态保护的项目。通过上述措施，黄河流域可以在保护生态环境的同时，实现经济的高质量发展，为流域内的居民创造更好的生活条件，同时也为全球河流管理和可持续发展做出贡献。

(二)法律法规的制定与执行

德国通过制定严格的环保法规来治理莱茵河,这强调了法律法规在流域治理中的重要性。黄河流域的发展需要建立和完善相关的法律法规体系,确保污染控制和生态保护措施得到有效执行。关于保护黄河流域的法律,最主要的是《中华人民共和国黄河保护法》。这部法律自2023年4月1日起施行,是中国第一部专门针对单一河流保护的综合性法律。有关《中华人民共和国黄河保护法》的执行可从以下方面进行展开。一是加强法律宣传与教育。黄河流域覆盖多个省份,各地经济发展水平和文化背景差异较大。因此,法律宣传需要针对不同地区的特点,采用多种方式,如社区讲座、学校教育、媒体宣传等,以确保法律知识深入人心。例如,在农业集中的地区,可以通过农技推广站向农民普及节水灌溉和生态农业的知识。二是明确责任主体。黄河流域的保护涉及多个行政区域,需要明确各级政府及其相关部门的责任。例如,上游地区可能更注重水源涵养和水土保持,而下游地区可能更侧重于防洪和污染防治。通过制定具体的行动计划和目标,确保每个责任主体都能有效地履行职责。三是严格监督检查。黄河流域的生态环境复杂,需要定期的监督检查来确保法律得到执行。例如,对于水土流失严重的地区,可以定期进行土壤侵蚀监测,并对防治措施的实施效果进行评估。四是严格法律制裁。针对黄河流域内的环境违法行为,应当依法严格处罚。例如,对于非法排污的企业,不仅要处以罚款,还应要求其承担环境修复的责任。这样的措施可以有效地遏制违法行为,保护黄河流域的生态环境。五是建立司法协作。黄河流域的保护需要行政执法与司法机关的紧密协作。例如,在处理跨省界的水资源纠纷时,需要各级法院和行政执法机关共同参与,确保法律的统一适用和有效执行。

(三)建立黄河流域监测预警体系

莱茵河的治理过程中,沿岸国家建立了完善的水质监测网络和预警系统。黄河流域也需要建立类似的监测体系,实时监控水质和生态环境变化,以便及时采取措施。一是环境评估和全面规划。需要对黄河流域进行全面的环境评估,确定监测的关键点和优先区域。这包括识别重要的水源地、生态敏感区以及工业和农业活动集中的区域。二是合理布局监测站点。在关键区域建立监测站点,确保覆盖黄河流域的上游、中游和下游。监测站点应配备先进的监测设备,能够实时监测水质、流量、泥沙含量等关键指标。三是数据集成与分析。收集的数据需要通过一个集中的信息系统进行整合和分析。这个系统应该能够处理和存储大量数据,并提供实时的数据分析和可视化工具,以便科学家和决策者能够快速理解环境变化。四是建立预警机制。基于数据分析,建立预警机制,对潜在的环境风险进行预测和预警。例如,如果监测到某区域水质突然恶化,预警系统应能及时发出警报,并提出可能的原因和应对措施。五是制定应急响应计划。与预警机制相配套,需要制定应急响应计划。一旦发生环境突发事件,相关部门能够迅速采取行动,减少对生态系统和人类活动的影响。六是跨区域合作。黄河流域跨越多个省份,需要建立跨区域的合作机制,确保信息共享和行动协调一致。这可能涉及建立流域管理机构,以及与上下游省份的协商和合作。七是持续加强监测技术更新。监测预警系统不是一成不变的,需要根据最新的科学研究和技术进步进行持续的更新和改进。同时,应定期评估系统的效果,并根据评估结果进行调整。

(四)综合治理措施的实施

基西米河的生态修复工程展示了综合治理的重要性。黄河流域的综合治理是一个复杂而全面的工程，涉及工业污染控制、农业面源污染管理、城市污水处理和生态修复等多个方面。一是工业污染控制方面，要推进沿黄重点地区的工业项目入园，确保工业活动集中在合规的工业园区内，便于统一管理和污染控制。对于新的工业项目，尤其是高污染、高耗水、高耗能项目，实施严格的审批制度，确保所有项目符合环保标准。另外，要加强对在建和已建成工业项目的监管，确保其运营过程中遵守环保法规，对违规项目进行整改或关停。二是农业面源污染管理方面，要推广科学施肥和用药，减少化肥和农药的使用量，降低农业面源污染。对规模以下畜禽养殖进行规范管理，推广粪污资源化利用，减少养殖污染。加强农膜的回收利用，减少农田"白色污染"。三是城市污水处理方面，要加强城市污水处理设施的建设和升级，提高污水处理率和水质达标率。要推进城市雨水和污水分流系统建设，减少雨季污水溢流污染。要加强对污水处理过程中产生的污泥进行安全无害化处理和资源化利用。四是生态修复方面，要加强上游水源地的保护和修复，提升水源涵养能力。在中游地区实施水土保持工程，减少水土流失，改善土壤结构。对下游湿地进行保护和恢复，提升湿地生态系统的稳定性和服务功能。构建沿黄生态廊道，连接和保护重要的生态系统，促进生物多样性保护。

（五）经济激励与生态补偿

厄瓜多尔的流域生态补偿机制促使当地社区参与生态保护。黄河流域可以通过建立生态补偿机制，激励沿岸居民和企业参与到生态保护中来。建立黄河流域的生态补偿机制，旨在通过经济激励手段，促使沿岸居民和企业积极参与到生态保护中来，实现黄河流域生态保护和高质量发展的目标。以下是建立黄河流域生态补偿机制的具体措施。一是要明确补偿原则和目标。遵循"谁开发，谁保护；谁受益，谁补偿"的原则，并以保护和改善黄河流域的生态环境为目标，促进水资源的可持续利用。二是建立补偿机制框架。制定《生态保护补偿条例》，明确补偿的法律基础和政策支持，设立黄河流域生态补偿管理平台，实现信息共享和资源整合。三是确定补偿主体和对象。明确上游生态保护地区的政府、企业和个人为补偿对象。下游受益地区和使用黄河流域资源的企业和居民为补偿主体。四是制定补偿标准和方法。根据生态服务价值、生态保护成本和区域发展机会成本等因素，科学制定补偿标准。另外，可以采取多元化补偿方式，包括财政转移支付、税收减免、市场交易等。五是实施补偿机制。例如，河南、山东两省签订的《黄河流域（豫鲁段）横向生态保护补偿协议》，通过财政转移支付实现跨省横向生态补偿。推动沿黄省区之间的沟通协商，如陕甘两省沿渭6市1区签订的《渭河流域环境保护城市联盟框架协议》。六是加强监督和评估。建立健全监督机制，确保补偿资金的有效使用和生态保护措施的实施。定期评估生态补偿机制的效果，根据评估结果调整补偿策略。在黄河流域推广生态保护的公众教育和参与项目，提高居民的环保意识和参与度。通过上述措施，黄河流域的生态补偿机制可以有效地调动沿岸居民和企业的积极性，促进生态保护和经济发展的双赢局面。

（六）公众参与和环境教育

琵琶湖的治理经验表明，提高公众的环境意识和参与度对于生态保护至关重要。提高公众的环境意识和参与度是实现黄河流域可持续发展的关键。黄河流域的发展应加强环境教育，鼓励公众参与，形成全社会共同参与的治理格局。一是制定环境教育策略。制定全面的环境教育计划，明确目标、内容、方法和评估标准。将环境教育纳入学校教育体系，从小学到高等教育各个阶段均应有所体现。二是开展多样化的环境教育活动。利用世界环境日、世界水日等特定日子，组织主题讲座、研讨会和实地考察。开展互动式环境教育项目，如环保知识竞赛、创意环保作品征集等。三是建立环境教育平台。利用数字媒体和社交平台，建立在线环境教育资源库，提供易于理解的教育内容。通过电视、广播、报纸等传统媒体，定期发布黄河流域生态保护的最新进展和重要信息。四是鼓励公众参与实践活动。组织公众参与黄河流域的植树造林、垃圾清理、水质监测等志愿活动。与当地社区合作，开展以家庭为单位的环保行动，如节水、垃圾分类等。五是强化企业和社会组织的责任。鼓励企业开展环境友好型生产，并对公众开放工厂，现场进行环保教育。支持非政府组织和志愿者团体在黄河流域开展环境教育和保护活动。六是建立激励和反馈机制。对积极参与环境保护的个人和团体给予表彰和奖励。建立公众意见反馈渠道，让公众参与到黄河流域管理决策的过程中。通过上述措施，可以有效提高黄河流域公众的环境意识，激发他们参与生态保护的热情，形成全社会共同参与的治理格局。

(七) 可持续发展的长期规划

莱茵河和琵琶湖的治理都强调了可持续发展的重要性。黄河流域的规划应注重生态、经济和社会三个方面的平衡，制定长期的发展目标和措施。在生态规划措施方面，一是要加强水资源管理，坚持"以水定城、以水定地、以水定人、以水定产"的原则，科学制定水资源环境承载力要求，优化水资源配置，实施深度节水控水措施。二是加强污染治理，推进三水统筹（水资源、水环境、水生态），全面深化工业、农业、城乡生活污染治理，加强入河排污口排查整治，维护水生态系统。三是加强生态保护与修复。构建"一带五区多点"的生态保护格局，筑牢三江源"中华水塔"，推进黄土高原地区水土流失治理，加强生物多样性保护。在经济规划措施方面，一是要推进产业绿色发展，优化空间布局，推动产业绿色转型升级，开展重点行业清洁生产改造，推进企业园区化绿色发展。二是要走绿色低碳发展的道路，控制碳排放总量，降低碳排放强度，以碳达峰碳中和为目标，推动能源结构调整，发展清洁能源和新能源。三是推进产业的高质量发展，通过推动产业结构优化，减少对资源和能源的依赖，发展高附加值产业，提升流域经济发展质量和效益。在社会规划措施方面，一是要加强环境教育和宣传，提高公众的环保意识，引导社会组织和公众共同参与环境治理。二是要强化社会服务功能，发挥生态文明宣传教育的社会服务功能，建立生态补偿机制，确保生态保护地区的居民和社区能够从中获得经济利益。三是加强社会保障，通过提供就业机会和社会保障，确保转型期的社会稳定，提升居民的获得感、幸福感、安全感。这些规划措施体现了黄河流域在生态保护和高质量发展方面的战略部署，旨在通过综合治理和系统治理，实现黄河流域的生态安全、经济发展和社会和谐。规划的实施将有助于解决黄河流域面临的水资源短缺、生态环境脆弱、产业结构偏重等问题，推动黄河流域走上绿色、低碳、高质量的发展道路。

第四章
黄河流域生态保护和高质量发展的内涵机理

第一节 黄河流域生态保护和高质量发展的概念内涵

一、黄河流域生态保护和高质量发展的基本概念

党的十八大以来，习近平总书记多次赴黄河流域考察当地的生态保护和经济社会发展情况，对三江源、祁连山、秦岭、贺兰山、东营黄河入海口等重点区域做出了科学研判和重要指示批示。黄河是中华民族的母亲河，保护黄河是事关中华民族伟大复兴的千秋大计。黄河流域生态保护和高质量发展重大国家战略，是以流域为基础践行习近平生态文明思想、推进生态文明建设的伟大实践。中共中央、国务院印发的《黄河流域生态保

护和高质量发展规划纲要》中提出，黄河重大国家战略的目标要分"两步走"。一是到2030年要完成基本战略任务，包括人水关系改善、防洪减灾体系构建、生态质量改善、粮食和能源地位巩固、乡村振兴成效显著、黄河文化影响力扩大、公共服务水平提升等方面。二是到2035年，黄河流域生态保护和高质量发展取得重大战略成果，包括生态环境全面改善、生态系统健康稳定、水资源节约集约利用水平全国领先、现代化经济体系基本建成、黄河文化大发展大繁荣、人民生活水平显著提升等方面。

二、黄河流域生态保护和高质量发展的科学内涵

良好的生态环境是黄河流域高质量发展的前提。黄河流域的高质量发展强调在保护生态环境的基础上进行。生态保护不仅是为了维护自然平衡，也是为了保障流域居民的生活安全和提高居民生活质量。这意味着在推动经济发展的同时，必须确保黄河生态系统的健康和稳定，防止过度开发和资源的不可持续利用。

黄河流域横跨多个省份，各地区在资源禀赋、经济发展水平和生态环境方面存在差异。因此，黄河流域的高质量发展首先应采取因地制宜的原则，根据各地区的实际情况制定相应的发展策略。例如，上游地区重点在于水源涵养和生态保护，中游地区侧重于污染治理和水土保持，下游地区则注重生态系统的保护和水资源的合理利用。其次是体现各省区协同合作，打破地域分割，实现资源的优化配置和产业的互补。这包括在经济发展、生态环境保护和基础设施建设等方面实现区域一体化，形成合力，共同推动流域的整体进步。

黄河流域是我国重要的传统能源富集地区，流域内整体工业绿色发展

水平偏低，资源依赖型和重化工产业比重大。首先，绿色发展是黄河流域高质量发展的重要方向，强调在经济发展中实现资源的高效利用和环境的持续改善。这涉及推动清洁能源的使用、发展循环经济、减少污染排放，以及提高资源利用效率等方面。其次，创新是推动黄河流域高质量发展的关键动力。这包括产业创新、实践创新和体制创新。产业创新要求实现黄河流域的产业转型升级，发展新兴产业；实践创新强调根据实际情况进行理论创新和技术创新；体制创新则涉及改革体制机制，激发市场活力和社会创造力。最后，由于黄河流域具有丰富的资源优势，为了实现资源流动，提升资源利用效率，黄河流域需要实现开放发展，即黄河流域应积极参与国内外经济合作，通过引进外资、技术和管理经验，以及推动本地产品和服务走向市场，实现与国内外市场的互联互通。另外，为了实现上述发展目标，需要构建一个完善的战略支撑体系，包括战略规划、法律制度、空间管控、体制机制等。这要求从宏观层面进行顶层设计，确保政策的连贯性和实施的有效性。

综上所述，黄河流域生态保护和高质量发展的内涵是一个多维度、系统性的工程，涉及生态、经济、社会等多个方面，要求在保护生态环境的基础上，充分贯彻新发展理念，采用与时俱进的发展策略，构建一个全面、协调、可持续的发展模式。

第二节 黄河流域生态保护和高质量发展的耦合机理

一、黄河流域高质量发展的几大关系辨析

发展是党执政兴国的第一要务。高质量发展是全面建设社会主义现代化国家的首要任务。全面建成社会主义现代化强国需要有坚实的物质技术基础。这就需要完整、准确、全面贯彻新发展理念，坚持社会主义市场经济改革方向，坚持高水平对外开放，加快构建以国内大循环为主体、国内国际双循环相互促进的新发展格局。黄河流域的高质量发展是国家区域高质量发展建设的重要组成部分。由于黄河流域地位的特殊性，其高质量发展涉及多个关系，包括经济发展与生态环境、区域协调与不平衡发展、资源利用与可持续发展等。黄河流域高质量发展的几大关系可以从以下几个方面进行辨析。

一是生态环境安全格局稳定与开发布局的关系。生态环境安全格局的稳定是黄河流域发展的长期任务和基础原则。在开发布局时，必须尊重自然、顺应自然，保持流域生态环境格局的长久稳定，确保生态功能区功能的稳定和持续。二是重点区域发展规模与资源环境承载能力的关系。重点区域的发展规模需要与资源环境的承载能力相协调。优化区域开发结构、促进产业结构升级、提高创新能力是缓解资源环境约束的有效途径。同时，应加强国土开发的适应性评价，确定合理的承载能力和开发格局。三是重点突破与系统统筹的关系。黄河流域的保护与开发是一个复杂的系

统工程，需要系统性地解决生态环境保护、资源利用、高质量发展的问题。在规划纲要编制过程中，要深入研究、科学论证，找准突破重点，集中力量办大事，推动整个流域发展迈上新台阶。四是机制保障与因地制宜的关系。建立全局统筹的协调机制是保障黄河流域生态保护和高质量发展的重要举措。因此，应坚持因地制宜的思路，聚焦解决阶段性问题，同时系统性的保障机制也是不可或缺的，以整体性的保障机制牵引流域各种类型区域差异化施策。这些关系体现了黄河流域在推进高质量发展过程中，需要平衡生态保护与经济发展的需求，确保在保护生态环境的基础上实现经济的可持续发展。

经济的快速增长消耗了大量资源，而资源的过度开采和利用则会对生态环境造成破坏。因此，要实现生态环境和经济的双赢，必须加强资源节约利用，推动绿色发展，实现经济增长的同时减少对生态环境的压力。政府部门和企业需要共同努力，制定合理的发展规划，加强环境监管，推动绿色技术创新，促进黄河流域生态环境保护和经济发展的良性循环。在战略规划和政策实施中，应充分考虑黄河流域的自然条件、资源禀赋、经济发展水平和生态环境承载能力，采取科学合理的方法和措施，以实现人与自然和谐共生。

二、黄河流域生态保护中的几大辩证关系

党的二十大擘画了全面建设社会主义现代化国家、以中国式现代化全面推进中华民族伟大复兴的宏伟蓝图。中国式现代化理论是党的一个重大理论创新，是科学社会主义的最新重大成果。党的二十大报告明确概括了中国式现代化五个方面的中国特色，人与自然和谐共生的现代化是中国式

现代化的本质要求。2023年7月18日，习近平总书记在全国生态环境保护大会上发表重要讲话，深刻阐明了推进生态文明建设中的几个重大关系，为加强生态文明建设、推动人与自然和谐共生的现代化、加快建设美丽中国提供了根本遵循和科学指南。以中国生态环境保护大会中提出的几大关系为准绳，黄河流域生态保护过程中需要准确把握以下几对关系。

（一）正确认识黄河流域高质量发展和高水平保护的关系

高水平保护是高质量发展的重要前提，生态优先、绿色低碳的高质量发展只有依靠高水平保护才能实现。黄河流域是连接青藏高原、黄土高原、华北平原的生态走廊，是我国北方重要的生态屏障。黄河流域贯穿九个省区，流域范围贡献了全国约四分之一的国内生产总值，是我国重要的能源地带和经济地带。生态兴则文明兴，生态衰则文明衰。黄河流域高质量发展，必须牢固树立和践行绿水青山就是金山银山的理念，站在人与自然和谐共生的高度谋划发展，通过高水平环境保护，不断塑造流域发展的新动能、新优势，着力构建绿色低碳循环经济体系，有效降低流域发展的资源环境代价，持续增强流域发展的潜力和后劲，坚定不移走生产发展、生活富裕、生态良好的绿色发展之路。

（二）正确把握黄河流域生态环境重点突破和协同治理的关系

党的十八大以来，以习近平同志为核心的党中央从解决突出生态环境问题入手，注重点面结合、标本兼治，实现由重点整治到系统治理的重大转变，引领美丽中国建设迈出重大步伐。黄河流域作为一个巨大的生态环境系统，因其特殊的气候、地理和人类活动条件，整体较为脆弱。全方位、全地域、全过程开展流域生态环境治理和保护，要坚持山水林田湖草沙一体化系统治理和保护，统筹考虑黄河流域要素的复杂性、生态系统的完整性、自然地理单元的连续性、经济社会发展的可持续性，统筹产业结构调整、污染治理、生态保护、应对气候变化等多个领域。同时，黄河流域生态保护治理仍存在短板和弱项，且流域各区段特质各有不同。这需要我们牢牢把握和落实黄河生态保护治理重点攻坚任务，注重重大项目创新引领，聚焦重点项目，加强部门联动，推动构建流域重点突破和协同治理新格局。

(三)正确理解黄河流域生态环境自然恢复和人工修复的关系

党的十二大强调，要坚持人与自然和谐共生，坚持充分尊重客观规律与积极发挥主观能动性相统一，统筹山水林田湖草沙一体化保护和修复。黄河流域生态保护和修复的实践，要把自然恢复和人工修复有机统一起来。一方面，要加快实施重要生态系统保护和修复重大工程，着眼于提升黄河流域生态安全屏障体系质量，以黄河流域生态脆弱和敏感区域等为重点，突出问题导向、目标导向，全面加强生态保护和修复工作，推动形成黄河流域生态保护和修复新格局。另一方面，要综合运用自然恢复和人工修复两种手段，因地因时制宜、分区分类施策，努力找到流域生态保护修复的最佳解决方案。

(四)正确处理黄河流域外部约束和内生动力的关系

在生态文明建设中，全体人民自觉行动、全社会共同呵护生态环境是生态文明建设的内生动力，最严格制度、最严密法治是生态文明建设的常态化外部约束，必须做到内与外的有机统一。《中华人民共和国黄河保护法》将黄河流域生态保护和高质量发展纳入法治化轨道，加强流域统一规划和对区域规划的指导、约束、监督，加大对生态环境污染破坏行为的惩处力度，有效发挥司法对黄河生态环境的保护力度，用法治力量推进黄河生态环境保护。在法治建设的基础上，继续推动加强黄河文化遗产的系统保护，深入挖掘黄河文化价值，坚定文化自信，增强民众对黄河生态环境的保护意识，把建设美丽中国转化为全体人民的自觉行动，增强生态环境保护的内生动力。

（五）正确把握黄河流域绿色低碳转型和培育新动能的关系

完整、准确、全面贯彻新发展理念，坚定不移走生态优先、绿色低碳发展道路，加快构建"双碳"政策体系是一场广泛而深刻的变革，需要正视"双碳"承诺和自主行动的辩证统一。推动黄河流域高质量发展，要正确把握绿色低碳转型和培育新动能的关系。黄河流域是我国重要的传统能源富集地区，流域内整体工业绿色发展水平偏低，资源依赖型和重化工产业比重大。事实证明，"靠山吃山"的发展模式是不可持续的，我们必须清醒认识资源依赖型发展模式的弊端，加快传统产业向现代化经济体系转型，实现新旧动能转换，加快发展方式绿色转型，以生态保护优先统筹区域经济和生态发展格局。黄河流域正处于实施乡村振兴战略、新型城镇化战略、中部崛起、西部大开发等区域协调发展战略的叠加交汇期，我们要共同把握好这一重大历史机遇，瞄准"双碳"目标，提升科技创新能力，完善绿色制造体系、生产体系和流通体系，推动产业结构、能源结构和运输交通结构的优化调整，促进城乡融合发展，加快推进美丽中国建设。

三、生态保护对高质量发展的作用机理

生态环境保护对经济高质量发展有着重要的影响和作用机理，主要体现在以下几个方面。

一是生态环境保护为高质量发展提供资源保障。生态环境保护可以保

障自然资源的可持续利用。例如，水资源、土壤资源、森林资源等是支撑经济发展的重要基础，而生态环境的恶化会导致资源枯竭、土地退化、水污染等问题，从而威胁到经济的稳定发展。通过保护生态环境，可以确保资源的充足供应，为经济发展提供坚实的物质基础。

二是生态效益和风险防范为高质量发展提供基础保障。生态系统提供的生态服务包括水源涵养、气候调节、土壤保护、空气净化等，这些服务对于农业、工业、旅游等各个领域的发展都至关重要。通过保护生态环境，可以维持生态系统的完整性和稳定性，从而确保生态效益的持续供给，促进产业发展和经济增长。生态环境保护可以减少自然灾害对经济的破坏。生态系统的破坏会增加自然灾害的频率和强度，如洪涝、干旱、土壤侵蚀等，这些灾害不仅会造成人员伤亡和财产损失，还会阻碍经济的正常运行。通过保护生态环境，可以减少自然灾害的发生，降低灾害对经济的影响，提高经济的抗灾能力和稳定性。

三是生态环境保护为高质量发展提供动力保障。生态环境保护可以推动经济向绿色发展转型。随着人们环境保护意识的增强，绿色产业、清洁技术等新兴产业日益受到重视。保护生态环境、转变生态保护方式，可以激发绿色经济的发展潜力，为绿色产业的兴起注入"新动能"，推动经济发展模式转变。

四是生态环境保护为高质量发展提供新发展路径。"两山"理论的提出为生态产品价值的转化提供了路径，未来可通过市场化的手段将生态资源转化为充分体现生态资源要素价值的生态产品，通过生态补偿、绿色金融等方式实现生态资源向生态资产的转化，最后通过生态市场化运营，实现生态资产向生态资本的转化，就像房地产和比特币一样，作为一种新型的金融产业，实现生态资源在金融市场的流转，促进财富的增值和积累，助推高质量发展。

四、高质量发展对生态保护的作用机理

高质量发展对生态保护具有积极的影响和作用，主要体现在以下几个方面。

一是高质量发展促进资源利用效率提升。高质量发展强调资源的有效利用和节约，促使社会更加重视资源的可持续利用。这种理念下，资源的有效利用不仅包括物质资源的有效利用，还包括生态资源的有效利用。社会各行业在追求高质量发展的过程中，倾向于采用更加节能、环保、资源循环利用的技术和方式，减少对生态环境的消耗和破坏。

二是高质量发展促进创新绿色技术和生产方式转型。为实现高质量发展，生产部门需要转变传统的生产方式，通常会倾向于采用更加环保和节能的创新技术，采用更加环保和可持续的生产工艺和技术。这种转型可以通过减少污染物排放、提高能源利用效率、减少废弃物产生等措施，降低对生态环境的负面影响。

三是政策引导和加强监管。政府可以加强对环境保护的政策引导和监管力度，可以通过制定更加严格的环保法律法规、加大环境监管力度、提高生态环境保护的投入等方式，促使社会各行业和个人更加注重生态环境的保护和治理。

四是高质量发展促进生态保护质量的提升。高质量发展是经济发展到一定阶段的产物。发展到该阶段，政府和社会拥有充足的资金和技术进行生态保护和生态修复的投入。与此同时，国家大力推行可持续的生态文明

建设，大力推动生态保护和修复，必将投入大量的资金以提高生态环境质量。

五是高质量发展促进生态产业培育。高质量发展的理念推动了生态产业的培育和发展。生态产业以环保、资源节约和可持续发展为核心，包括环保技术、清洁能源、生态旅游等领域。发展生态产业，可以在促进经济增长的同时保护生态环境，实现经济和生态的双赢。

第三节 黄河流域生态保护和高质量发展的实践要求

黄河流域生态保护和高质量发展，是当今时代的重要命题，生态保护意味着保护自然生态系统的完整性和稳定性，实现人与自然的和谐共生；高质量发展则追求经济增长的质量和效益，注重生产方式的优化和升级，以实现经济、社会和环境的可持续发展。对黄河流域而言，在新时代的历史进程中，两项重担要求其必须以更加务实的态度和更加积极的行动，全面推动黄河流域的生态保护和高质量发展。基于上述基本概念和内涵，现从以下几个方面提出当下黄河流域生态保护和高质量发展的实践要求。

一、从人与自然和谐共生的高度谋划黄河流域高质量发展

党的二十大提出，新时代新征程，中国共产党的中心任务是团结带领

全国各族人民，努力建成社会主义现代化强国、实现第二个百年奋斗目标，以中国式现代化全面推进中华民族伟大复兴。党的十八大以来，以习近平同志为核心的党中央首次将生态文明建设纳入"五位一体"中国特色社会主义总体布局，在本世纪中叶把我国建成富强、民主、文明、和谐、美丽社会主义现代化强国的历史目标首次从战略高度明确了生态文明建设新的使命任务、新的时代要求。

党的二十大提出以中国式现代化全面推进中华民族伟大复兴，并指出中国式现代化是人与自然和谐共生的现代化，大自然是人类赖以生存发展的基本条件，人类必须尊重自然、顺应自然、保护自然。贯彻人与自然和谐共生的重要理念，要求黄河流域必须把生态建设放在更加基础的位置，坚定不移走生态优先、绿色发展的道路。一是要准确把握保护和发展的关系，坚决防止先污染后治理、重发展轻保护的思想。把黄河流域大保护作为关键任务，严守生态保护的红线和资源开发利用的上限，加快改善流域生态面貌，不断提高发展质量效益。二是要准确把握全局和局部的关系，增强上中下游、左右岸一盘棋意识，有效统筹山水林田湖草沙系统治理，加快建立共抓大保护的体制机制，努力构建健康稳定高效的自然生态，坚定走绿色低碳发展道路，在经济社会发展全面绿色转型的过程中，加快实现更高质量、更有效率、更加公平、更可持续、更为安全的发展。三是要坚决落实好能耗双控措施，严格控制"两高"低水平项目盲目上马，根据水资源和资源环境承载力，合理确定能源企业生产规模和开发强度，推动煤炭产业绿色化、智能化发展，推进煤炭清洁高效利用。

二、坚持新发展理念，推动全面绿色转型和高质量发展

黄河流域内九省区，是我国重要能源流域，是我国重要的能源化工原

材料和基础工业基地,是全面建设社会主义现代化强国的重要支撑力量。2020年,黄河流域内九省区国内生产总值为25.39万亿元,占全年国内生产总值比重约为25%,原煤和焦炭分别占全国比重达到80%和86%。

党的十八大以来,党中央从生态文明建设全局出发,明确了"节水优先、空间均衡、系统治理、两手发力"的治水思路,黄河流域经济发展和百姓生活发生了转折性变化。然而,由于历史自然条件等原因,黄河流域高质量发展相对滞后,明显落后于长江经济带。为贯彻落实党的二十大精神和新发展理念,黄河战略的一系列纲要和《中华人民共和国黄河保护法》等政策法规有机结合,着眼碳达峰、碳中和"双碳"目标,因地制宜发展特色优势现代产业和清洁低碳能源,实现黄河流域绿色崛起,培育经济重要增长极,增强流域发展动力,建设和实现黄河流域人与自然和谐共生的现代化,特别是着眼平衡南北方发展、协调东中西部经济发展,实现共同富裕,更加注重强化全流域协同合作,规划调整区域经济和生产力布局,促进上中下游各地区合理分工,推动产业结构、能源结构、交通运输结构等优化调整。

三、坚持生态立法,全面提升黄河流域生态治理能力和治理水平现代化

党的二十大指出,大自然是人类赖以生存发展的基本条件,尊重自然、顺应自然、保护自然是全面建设社会主义现代化国家的内在要求。这就要求我们统筹水资源、水环境、水生态等治理,推动重要江河湖泊生态保护治理。

黄河流域是我国重要的生态屏障,黄河九曲奔腾五千余公里,有中华

水塔、三江之源,横跨青藏高原、黄土高原、华北平原三级阶梯,拥有中国暖温带保存最完整、最广阔、最年轻的湿地生态系统——黄河口三角洲。党中央高度重视大江大河的保护和发展,2019年9月、2021年10月,习近平总书记亲自在河南郑州、山东济南主持召开黄河流域生态保护和高质量发展座谈会,掀开了新时代黄河流域保护、治理和发展的历史性大幕。

2022年10月30日,全国人大常委会通过《中华人民共和国黄河保护法》,标志着中华民族母亲河黄河有了第一部法律。我们要以《中华人民共和国黄河保护法》实施为新的征程、新的起点,全面推动大江大河流域治理体系和治理能力的现代化,保护和治理理念上要更加重视统筹兼顾与系统性观念,以系统性观念为指导,坚持全黄河一盘棋,坚持山水林田湖草沙一体化保护和修复,实行自然恢复为主,自然恢复与人工修复相结合,更加注重黄河治理,强调整体推进,防止倚重倚轻、顾此失彼;更加注重统筹发展,坚持绿色发展和高质量发展的内在统一,尤其是充分发挥黄河流域国家生态屏障综合优势;更好遵循自然资源原理,利用系统工程方法,以生态的方法解决生态问题,推动黄河由源头到入海口的全流域、全过程、全空间、立体化的生态保护。

四、传承弘扬黄河文化,推动黄河文化创造性转化和创新性发展

文化是民族的血脉,是人民的精神家园,黄河文化同样凝聚了中华民族、中华文化深厚的民族基因。习近平总书记指出,黄河文化是中华文明的重要组成部分,是中华民族的根和魂。我们要推进黄河文化遗产的系统

保护，深入挖掘黄河文化论坛的时代价值，讲好黄河故事，延续历史文脉，坚定文化自信，为实现中华民族伟大复兴的中国梦凝聚精神力量。党的二十大指出，全面建设社会主义现代化国家，必须坚持中国特色社会主义文化发展战略，增强文化自信，在中华文明五千年文明史中，黄河文明既是中华文明的源头，同时也是我们党成立一百余年来中国共产党人精神谱系的重要组成部分。

回望历史，中国共产党建党 100 多年来，团结带领中国人民在新民主主义革命、社会主义革命和建设、改革开放和社会主义现代化建设、新时代中国特色社会主义建设各个时期，都把人与自然关系作为马克思主义革命党、执政党重要的理念、思想和方法，以及治国理政、执政为民的重要方略。历代中国共产党人对生态文明建设的探求、认知和实践，既是马克思主义基本原理同中国实际相结合的产物，也是马克思主义基本原理同中华优秀传统文化相结合的产物。加强对黄河流域具有革命纪念意义的文物和遗迹保护、传承弘扬黄河红色文化，红色文化、传统文化、生态文化交融交织，促进多元纷呈、和谐相融的黄河文化，也是全党全国各族人民团结奋斗的共同思想基础，特别是将黄河文化作为我国生态文明建设根本思想遵循的习近平生态文明思想融会贯通起来，高度凝聚、吸收传承、创新发展中华民族五千多年来与黄河共存共生的生态智慧，是中华传统优秀生态智慧和马克思主义人与自然观在 21 世纪实现的创新性发展，为把我国建成富强民主文明和谐美丽的社会主义现代化强国贡献东方大河智慧。

第五章
黄河流域生态保护和高质量发展综合评价

第一节 黄河流域自然环境和社会环境概况

一、黄河流域基本情况

黄河，全长5464公里，流经九个省（自治区），覆盖面积约752,000平方公里。黄河流域的水资源总量约占全国的6%，而流域内的人口约占全国的12%，耕地面积约占全国的14%，以小麦、玉米等粮食作物的生产为主，农业产值占全国的比重较大[1]。据统计，黄河流域的粮食产量约占全国的15%，为国家粮食安全提供了重要保障。黄河流域的年均径流量为574亿立方米，仅占全国的2.6%，而水资源开发利用率高达80%，整

---

[1] 水利电力部水管司.清代黄河流域洪涝档案史料[M].北京:中华书局,1993.

体水资源利用状况十分紧张,在一定程度上限制了流域内经济社会的可持续发展。

黄河流域上游地区的水能资源、中游地区的煤炭资源、下游地区的石油和天然气资源等自然资源十分丰富,同时在全国也占有极其重要的地位,黄河流域一直以来被誉为中国的"能源流域"。例如,位于河口的胜利油田,是中国的第二大油田,对国家能源供应起到了关键作用。这些能源资源的开发利用,为黄河流域乃至全国的经济发展提供了强大的动力。与此同时,依托这些丰富的自然资源,流域内的工业发展以资源型和重化工业为主,这在一定程度上加剧了生态环境的压力。

黄河流域作为我国重要的生态区域之一,面临着诸多生态环境问题与挑战。首先是水资源短缺与水质污染。黄河水资源总量有限,长期以来受到过度开发利用的影响,河水水量减少,水质下降,直接影响了流域内生态系统的平衡。其次,土壤退化和水土流失也是当前亟待解决的问题。大量的农业活动、城市建设以及水土保持意识不强等因素共同作用下,黄河流域土地肥力下降、水土流失严重。再次,生物多样性丧失和生态系统退化也是亟待关注的问题。过度的工业化和农业化进程,以及生态环境破坏,导致许多珍稀物种的灭绝和生态系统的不稳定。最后,气候变化对黄河流域生态环境的影响越发明显。气温升高、降水不均等现象加剧了水资源的紧缺和水土流失等问题,对黄河流域的生态环境保护提出了更高要求。

二、黄河流域特征描述

(一)地理特征

黄河流域上游地区多山地和高原,中游地区以黄土高原为主,下游地区则以平原和河口三角洲为主。流域内地形复杂，气候条件多变，如上游地区年均降水量约为400毫米，而中游地区年均降水量则低于这一数值。黄河流域的地形特征导致水资源分布不均衡，上游地区水资源相对丰富，而中下游地区则面临水资源短缺的问题。

(二)经济特征

黄河流域在农业、能源和原材料产业方面具有显著优势。例如，黄河流域的能源总量占全国的60%，为国家能源安全提供了重要支撑[①]。然而，流域内经济发展不平衡，上游地区相对落后，中游地区正处于工业化和城市化进程中，而下游地区经济较为发达。据统计，黄河流域GDP占全国的比重在"十三五"期间有所下降，黄河流域所在的中国北方地区15个省（区、市）的经济份额下降了5.81%，这反映了流域本身内部经济发展以及全国区域尺度上经济发展的不均衡性。

(三)生态环境特征

黄河流域生态环境脆弱，面临着水土流失、沙漠化、湿地退化等问题。据研究，黄河流域的水土流失面积占全国的33%，每年流失的土壤量高达16亿吨。流域内的水资源开发利用率高，但水资源总量有限，加之气候变化和人类活动的影响，水资源短缺问题日益严重。例如，黄河年均径流量为574亿立方米，仅占全国的2.6%，而水资源开发利用率高达80%。

(四)社会文化特征

黄河流域是中华文明的发源地，拥有丰富的历史文化遗产。流域内的

---

① 肖金成,沈体雁,梁盛平.黄河流域生态保护和高质量发展专题研讨会综述[J].区域经济评论,2021(4):7.

居民生活和文化活动与黄河紧密相连,如黄河流域的非物质文化遗产数量占全国的比重较为显著。黄河流域的文化遗产不仅包括历史古迹,还包括丰富的民俗文化和传统艺术,是中华民族文化自信的重要来源。

黄河流域的发展面临水资源短缺、生态环境脆弱、区域发展不平衡、城市群发展不完善、生态补偿机制不健全等问题。此外,黄河流域生态保护和高质量发展战略的实施,需要解决跨区域发展的重大问题,如水资源的合理分配和利用,以及生态补偿机制的建立和完善。黄河流域生态保护任务艰巨,需要在保障水资源供应的同时,加强生态修复和环境治理,以实现流域的可持续发展。

第二节 黄河流域生态保护和高质量发展的评估体系构建

一、黄河流域生态保护和高质量发展指标体系

(一)指标体系构建原则

黄河流域生态保护和高质量发展是两大综合概念的集合,涉及众多社会内容。构建指标体系是学术研究的重要方法之一,它有助于系统性地评估和量化研究对象的各个方面。构建科学合理的指标体系是开展黄河流域生

态保护和高质量发展研究的基础。以下是本研究构建指标体系时遵循的原则。

1. 研究目的明确原则。研究目的明确原则要求指标体系的构建与黄河流域生态保护和高质量发展耦合研究目的紧密结合，明确研究的问题、目标和关注点。

2. 全面性和系统性原则。指标体系应该全面覆盖黄河流域生态保护和高质量发展的各个方面，确保不会忽略关键因素。同时，指标之间应该有系统性，能够形成一个完整、相互关联的框架，以便综合评估研究对象。

3. 可量化和可测量性原则。黄河流域生态保护和高质量发展的每个指标都应该是可量化的，能够通过数据进行测量和分析。可量化和可测量性将有助于提高研究的科学性和可信度。此外，指标的测量方法应该是可行的，容易收集和验证。

4. 可比性和标准化原则。黄河流域生态保护和高质量发展指标体系中的指标应该具有可比性，能够在不同时间、地点或研究对象之间进行比较。为了实现这一点，需要考虑标准化的方法，确保指标的计量单位和测量标准是一致的。

5. 反映实际和实用性原则。黄河流域生态保护和高质量发展指标体系应该能够真实地反映研究对象的特征和状况，同时具有实用性，能够为解决实际问题提供有益的信息。指标不仅仅是理论上的概念，更应具有实际应用意义。

6. 与时俱进和灵活性原则。黄河流域生态保护和高质量发展指标体系应具有一定的动态性，能够适应研究对象发展变化过程，通过分析现有研究存在的不足，对老旧指标进行淘汰更新，所选指标应该具有与时俱进的特征。灵活性意味着指标体系能够根据研究的具体需求进行调整和优化。

7. 专业性和权威性原则。构建黄河流域生态保护和高质量发展指标体系需要深入了解研究领域的专业知识，确保指标选取和权重设定基于科学。此外，可以借鉴权威机构或领域专家的观点，提高指标权威性。

8. 可解释性原则。黄河流域生态保护和高质量发展指标体系中的每个指标都应该能做出清晰的解释，研究人员和读者能够理解其背后的含义。这有助于提高研究的透明度和可理解性。

(二) 指标体系框架搭建及指标测度逻辑

2023年12月11日至12日，中央经济工作会议在北京召开，习近平总书记出席会议并发表重要讲话，全面总结2023年经济工作，深刻分析当前经济形势，对未来经济工作做出系统部署。当今形势下，我国作为全球经济增长的最大引擎，经济的高质量发展牵动着国内国外的经济格局。会议提出了对未来经济的九点要求，这九点要求切中肯綮地总结了国家对经济工作最关心、最核心、最关键的内容。这九点要求对区域经济建设和发展同样适用，本研究紧抓与时俱进和灵活性的原则，在过往指标体系研究的基础上，深刻领悟2023年中央经济工作会议的内容，并以此为有力抓手，基于经济高质量发展水平测度逻辑，同时兼顾测度指标层次性与数据可得性，基于城市尺度，拟从科技创新、需求侧改革、企业发展、对外开放、区域协调发展、生态文明建设、民生改善7个方面对黄河流域生态保护和高质量发展状况进行综合测度。其测度逻辑的构思如下。

1. 科技创新。中央经济工作会议将以科技创新引领现代化产业体系建设放在了首要的位置，体现了科技创新是推动经济发展的第一动力。当今时代，创新驱动着经济持续发展。随着"投资红利"和"人口红利"逐渐消退，传统的资源要素驱动型经济增长模式难以为继。因此，必须通过转变经济增长动力，以创新为引擎推动中国经济转型发展，并将创新驱动型发展模式培育成经济高质量发展的主流模式。充分利用科技迅速发展动力，不断提升经济建设中的创新因素，扩展现代科技成果在生产中的应用，加强自主创新建设，提高创新要素利用效率，积极推进创新动能转换，充分发挥创新对经济增长的推动作用。同时，科技创新还能提高生产效率和产品质量，促进产业结构优化升级，推动经济增长并创造就业机会，提升企业竞争力和盈利能力。与此同时，科技创新可有力推动数字化转型、培植绿色经济根基，为进一步改善民生和提升生活品质提供持续的动能，促进社会进步和文化繁荣。

2. 需求侧改革。中央经济工作会议提出着力扩大国内需求，要激发有潜能的消费，扩大有效益的投资，形成投资和消费相互促进的良性循环。国民经济平稳发展取决于需求和供给相对平衡。中国经济正面临供给和需求的结构性问题，需求侧改革的推出正是为了解决当前国内需求的结构性问题，从政策思路上看更加注重国内需求结构的均衡优化。需求侧改革的三驾马车指的是消费、投资和出口，三者共同推动了宏观经济增长，其中消费、投资和出口分别代表需求侧的三大需求。所以需要从这三个方面对经济进行评估，通过观察促进消费升级、投资结构优化以及出口效益增长等，对经济结构的优化进行表征。

3. 企业高质量发展。中央经济工作会议在深化重点领域改革方面，主要围绕提升和壮大企业发展、提升企业竞争力，提出了具体的要求。企业高质量发展是经济高质量发展的基石，这种发展关系整个经济体系的健康和持续增长。高质量的企业发展直接关联到生产效率和产品质量提升，以满足市场需求以及创造更多附加值。在提高生产效率、减少浪费的过程中，提高生产效益，最终促进市场资源配置效率。同时，高质量的产品不仅可以提升企业竞争力，还能够拓展市场份额，进而促进经济增长和结构优化，促进经济向着更加稳健、可持续和具有竞争力的方向发展。

4. 高水平对外开放。中央经济工作会议指出要扩大高水平对外开放，要加快培育外贸新动能，巩固外贸外资基本盘，拓展中间品贸易、服务贸易、数字贸易、跨境电商出口。高水平对外开放有助于引入先进技术和管理经验。通过与国际合作伙伴的交流与合作，本国企业能够获得外部先进技术和先进管理模式，借此提升国内产业的水平，激发企业创新潜力，推动经济向高水平发展。高水平对外开放有助于加速本国企业国际化进程。企业通过参与全球价值链，融入国际市场，扩大业务范围，在适应全球市场需求过程中，加强自身的创新和管理水平，推动整体产业结构朝着更高附加值和技术密集型方向升级。与此同时，高水平对外开放使本国企业能更灵活地获取外部资源和市场机会，推动本国市场的多元化和成熟化。另外，高水平对外开放有助于提高国家的抗风险能力，降低本国企业在特定市场或行业的风险，增强经济系统的韧性。

5. 区域协调发展。中央经济工作会议指出，要推动城乡融合、区域协调发展，推动新型城镇化和乡村全面振兴有机结合，促进各类要素双向流动，加快形成城乡融合发展新格局。不同地区在资源禀赋、产业结构和经济发展水平上存在差异，通过区域协调发展，可以实现资源跨区域流动和利用，有助于构建完善的基础设施和公共服务体系，同时加强公共服务供给，提高教育、医疗、文化等公共服务均等化水平，促进产业协同发展和产业链条的完善，进而提升资源整体利用效率，推动经济朝着更加平衡和协调的方向发展。作为区域协调发展的重要方面，城市化进程的提升同样需要经济发展、基础设施建设、政策支持、社会服务与市场状况等多方面的努力和协调发展,只有这样才能实现城市化的数量增长和质量提升。

6.生态文明建设。中央经济工作会议指出,要深入推进生态文明建设和绿色低碳发展。生态文明建设引导着可持续发展理念的深入实施,通过强调生态环境保护和可持续利用,生态文明建设推动经济模式向更为环保、资源节约的方向发展,避免了传统发展模式可能带来的资源枯竭和环境破坏隐患。在促进绿色产业和绿色技术发展过程中,既推动资源有效利用和循环经济发展,也推动产业结构升级,为经济长期健康发展奠定了基础。另外,生态文明建设在促进生态保护方面发挥关键作用,能减少自然灾害的发生,降低环境风险对经济的不利影响。同时,生态保护为维持生物多样性提供保障,为农业、药物开发等领域提供了宝贵的生态资源,促进了相关产业可持续发展。

7.民生改善。中央经济工作会议指出,要切实保障和改善民生,健全就业、医疗、生育等方面体系建设和保障。首先,民生改善是最基础,人民最能看得见的政绩,对其他经济建设内容具有推动作用。民生改善可以提升人民的生活品质和幸福感,从而激发消费需求,促进市场活力增强。其次,民生改善可以提升人力资本的素质和劳动生产率。通过提供更好的教育、医疗和社会保障等公共服务,民生改善可以提高人们受教育水平和健康状况,从而增强劳动力的技能和创造力。高素质人力资本是经济发展的重要动力,能够推动技术创新和产业升级,提高市场竞争力和抗风险能力。与此同时,民生改善也有助于缓解社会矛盾和不稳定因素,为经济发展提供良好的社会环境。

(三)黄河流域生态保护和高质量发展测度体系

基于高质量发展水平测度逻辑,兼顾测度指标的合理性和数据的可得性，以切合当下经济发展环境为主要目标，本研究构建了包括科技创新、需求侧改革、企业发展、对外开放、区域协调发展、生态文明建设、民生改善7个子系统38个测度指标的高质量发展水平测度体系，如表5-1所示。

表5-1 经济高质量发展水平测度体系

目标	子系统	准则层	具体测度指标	指标衡量方式
高质量发展水平	科技创新	科研投入(+)	科研人力投入强度	科研人员从业人数/全部从业人员数量
			科研经费投入强度	科学支出/GDP
		数字经济水平(+)	数字经济综合发展指数	信息传输、计算机服务和软件业从业人员数/全部从业人员数量
				电信业务总量/总人口
				移动电话年末用户数/总人口
				国际互联网用户数/总人口
				数字普惠金融指数
	需求侧改革	消费强度(+)	第三产业比重	第三产业增加值/GDP
			零售消费强度	社会消费品零售总额/总人口
		投资强度(+)	政府投资强度	地方财政一般预算内支出/总人口
	企业发展	企业发展活力(+)	新生企业活力	新注册企业个数/规模以上工业企业数
			城市项目活力	当年新签项目个数/全部从业人员数量
		企业发展稳定性(+)	房地产企业稳定性	房地产开发投资完成额/第三产业增加值
	对外开放	外商开放度(+)	外商投资强度	外商投资企业数/规模以上工业企业数
		外资开放度(+)	外资占比	当年实际使用外资金额/GDP
	区域协调发展	产业结构(+)	产业收入协调度	第一第二第三产业收入协调指数
		需求结构(+)	需求结构协调度	社会消费品零售总额/GDP
		城镇发展(+)	城镇化率	城区人口/市区人口

（续表）

目标	子系统	准则层	具体测度指标	指标衡量方式
高质量发展水平	生态文明建设	环境污染程度（-）	单位产出的废水	工业废水排放量/第二产业增加值
			单位产出的废气	工业二氧化硫排放量/第二产业增加值
			单位产出的烟粉尘	工业烟粉尘排放量/第二产业增加值
		环境治理水平（+）	生活垃圾处理水平	生活垃圾无害化处理率（%）
			污水处理水平	污水处理厂集中处理率（%）
			节约用水率	水资源重复利用率
		生态环境状况（+）	绿地共享度	人均公园绿地面积
			绿化覆盖率	建成区绿化覆盖率
		环境保护水平（+）	清洁能源使用率	液化石油气和天然气使用人数/市区人口
			环境卫生投资比	市容环境卫生投资/市政公用设施建设固定资产投资完成额
			园林绿化投资比	园林绿化投资/市政公用设施建设固定资产投资完成额
			供排水投资比	（供水投资+排水投资）/市政公用设施建设固定资产投资完成额
			环境事业从业比	环境事业从业人员数/全部从业人员数量
	民生改善	社会共享发展程度（+）	固定资产投资共享水平	全社会固定资产投资总额/总人口
		教育程度（+）	教育财政支出水平	教育支出/总人口
		储蓄程度（+）	城乡居民储蓄年末余额水平	城乡居民储蓄年末余额/总人口
		医疗程度（+）	医生数共有水平	医生数/总人口
		养老保障（+）	养老保险参保水平	城镇职工基本养老保险参保人数/总人口
		医疗保障（+）	医疗保险参保水平	城镇基本医疗保险参保人数/总人口
		失业保障（+）	失业保险参保水平	失业保险参保人数/总人口

经济高质量发展涉及多个子系统的综合优化，本研究在设置相应指标时考虑到了各城市间指标的可对比性，均采用相对值进行表示。在科技创新方面，科研投入和数字经济水平是关键准则。科研投入包括科研人力投入和经费投入，分别通过科研人员从业人数比例和科学支出占GDP比例来衡量。数字经济水平考量了信息技术的普及程度和应用广度，包括信息产业从业人员比例、电信业务总量、移动电话用户数、国际互联网用户数以及数字普惠金融指数等指标，其中数字普惠金融指数采用中国数字普惠金融指数，该指数由北京大学数字金融研究中心和蚂蚁金服集团共同编制（郭峰等，2020）。需求侧改革主要关注消费和投资的强度，消费强度方面以三产比重和零售消费强度为准则。其中，零售消费强度采用人均社会消费品零售额表示；投资强度由第三产业增加值占比和人均社会消费品零售额来评估。企业发展方面，企业发展活力考察了新生企业活力和城市项目活力，反映了经济体内企业的创新和发展能力。其中，新生企业活力采用新注册企业个数与规模以上工业企业数的比例进行表示，城市项目活力采用单位从业人员数量的当年新签项目个数进行表示；企业发展稳定性以房地产开发投资完成额占第三产业增加值的比例进行表示。对外开放程度通过外商开放度和外资开放度两个指标来评估，分别关注外商投资企业数量和实际使用外资金额占GDP比例。区域协调发展包括产业结构、需求结构和城镇发展，分别以产业收入协调度、需求结构协调度和城镇化率为指标。其中，产业收入协调度通过计算三大产业的耦合协调度获得，需求结构协调度通过计算社会消费品零售总额占GDP的比重得出，城镇化率通过计算城区人口占城市总辖区人口的比例获得。生态文明建设方面，环境污染程度为负向指标，通过单位产出的废水、废气和烟粉尘排放量进行表示,环境治理水平通过生活垃圾处理率、污水处理率、节约用水率等指标评估。生态环境状况用绿地共享度、绿化覆盖率两个方面进行表示,环境保护水平从清洁能源的使用比例、环境卫生的投资比例、供排水投资比例、环境事业从业比例等角度考察。最后,民生改善方面,社会共享发展程度通过人均享有社会固定资产投资的多少进行表示,教育程度采用人均教育支出进行表示,储蓄程度采用人均城乡储蓄年末余额进行表示,医疗程度采用人均医生数量进行表示,养老保障采用城镇职工基本养老保险参保人数占总人口的比例进行表示,医疗保障采用城镇基本医疗保险参保人数占总人口的比例进行表示,失业保障采用失业保险参保人数占总人口的比例进行表示。

二、研究方法与数据来源

(一)数据处理测度方法

(1)熵值法(Entropy Weight Method)是一种基于信息熵原理的客观赋权方法,用于确定各评价指标在综合评价中的权重①。信息熵是衡量信息量的一个指标,它反映了数据的不确定性或随机性。在多指标综合评价中,熵值法通过计算各指标的信息熵来确定其权重,不需要依赖专家打分或主观判断,从而减少主观判断对评价结果的影响,提高评价的客观性和科学性,适用于多指标、多维度的评价问题。借鉴已有的研究,本研究采用熵值法对2010—2021年黄河流域57个城市的高质量发展水平进行评估。具体评估步骤如下。

---

① 乔家君.改进的熵值法在河南省可持续发展能力评估中的应用[J].资源科学,2004,26(1):113-119.

①对原始数据进行处理和整合,对 i 个评价对象和 j 个评价指标,形成以下原始数据矩阵:

$$X = \begin{pmatrix} x_{11} & x_{12} & \cdots & x_{1j} \\ \vdots & & \ddots & \vdots \\ x_{i1} & x_{i1} & \cdots & a_{ij} \end{pmatrix} = (X_1 \ X_2 \cdots X_j)$$

式中:X_{ij} 表示第 i 个评价对象在第 j 项指标中的数值;X_j 表示第 j 项指标的全部评价对象的列向量数据。

②由于各指标的量纲、数量级均存在差异,所以首先需要对数据进行标准化处理,使其落在一个统一的数值范围内。常用的标准化方法有极差标准化、Z – score 标准化等。这一步骤是为了消除不同指标量纲和数值范围的影响,使得各指标处于同一比较尺度。本研究采用极差标准化对原始数据进行归一化处理:

正向指标:$x' = \dfrac{x - x_{\min}}{x_{\max} - x_{\min}}$

负向指标:$x' = \dfrac{x_{\max} - x}{x_{\max} - x_{\min}}$

③计算第 j 个评价对象下第 i 个指标占该指标的比重:

$q_{ij} = \dfrac{x_{ij}}{\sum\limits_{i=1}^{n} X_{ij}} (i = 1, \cdots, n; j = 1, \cdots, m)$

④计算第 j 项指标的信息熵:

$e_j = -k \sum\limits_{i=1}^{n} q_{ij} \ln(q_{ij}) \ k = 1/\ln n > 0$,满足 $e_j \geq 0$

⑤计算信息熵的冗余度:

$d_j = 1 - e_j$

⑥计算各项指标的权重值:

$$w_j = \frac{d_j}{\sum_{j=1}^{m} d_j}$$

⑦利用计算得到的权重对各评价对象进行综合评价。将每个评价对象在各指标上的标准化值乘以相应的权重，然后求和得到综合评价值。计算各年份的综合得分：

$$s_i = \sum_{j=1}^{m} w_j \cdot q_{ij}$$

（2）耦合协调度（Coupling Coordination Degree）是一种用来评估两个或多个系统、要素或指标之间相互作用和协同发展水平的方法①。它通常用于分析经济、社会、环境等多个领域中的相互关系，以判断它们之间的协调性和整体发展状态。耦合协调度的研究方法有助于识别和分析系统中的关键因素，为决策提供科学依据。本研究采用耦合协调度的方法计算国民经济第一产业、第二产业、第三产业三者的耦合协调程度。耦合协调度模型涉及3个指标值的计算，分别是耦合度 C 值、协调指数 T 值、耦合协调度 D 值。它们的计算公式分别如下：

①对所有数据进行极差标准化处理，详细公式见前文。

②耦合度 C 值的计算公式如下：

$$C = 3 \times \left[\frac{U_1 \cdot U_2 \cdot U_3}{(U_1 + U_2 + U_3)^3} \right]^{\frac{1}{3}}$$

式中：U_1，U_2，U_3 分别代表第一产业、第二产业、第三产业的增加值。

---

① 刘定惠，杨永春.区域经济－旅游－生态环境耦合协调度研究——以安徽省为例[J].长江流域资源与环境，2011，20(7)：892－896.

③协调指数 T 值的计算公式如下：

$$T = \beta_1 U_1 + \beta_2 U_2 + \beta_3 U_3$$

式中：β_1、β_2、β_3 等代表第一产业、第二产业、第三产业的权重，这里我们认为三者的权重均为 1/3。

④耦合协调度 D 值的计算公式如下：

$$D = \sqrt{C \cdot T}$$

耦合协调度的计算结果介于 0—1 之间，数值越大说明产业的耦合协调性越强，表示系统之间的耦合关系和协调发展水平越好。

（二）数据来源

本研究选取的样本是黄河流域 57 个城市，各指标数据主要来自 2010—2021 年中国城市统计年鉴、2010—2021 年地级市统计年鉴、2010—2021 年中国统计年鉴，部分指标数据来自科技部统计公报、国家统计局网站以及各城市 2010—2021 年社会经济统计公报等。

第三节 黄河流域生态保护指数与高质量发展综合评价

一、黄河流域高质量发展综合指数时序变化特征分析

利用第二节构建的黄河流域高质量发展指标体系分别测算了 2010—

2021年黄河流域57个城市的高质量发展指数，并通过汇总平均值的方式计算出黄河流域高质量发展的整体水平。另外，为了更加便于展示黄河流域发展水平的阶段性变化，采用三年平均的方法，将整个测算时间段划分为四个时期。

（一）总体变化特征

黄河流域57个城市的高质量发展指数整体呈现显著增长的趋势（图5-1），其指数变化率为0.059/10a，这表明黄河流域的发展水平整体向好。按照变化趋势可以分为三个阶段：2010—2014年增长较为迅速；2015—2017年为稳步增长阶段，增速放缓；2018—2021年增速提升，整体迈入新的发展阶段。这基本与国家的发展规划相对应，"十二五"时期（2011—2015年）的主要发展目标是，加快经济发展，扩大内需，推进农业现代化，提高核心竞争力，加快建设，科教兴国，健全公共服务。国家在"十二五"时期整体保持较为高速的发展，黄河流域区域城市以国家发展战略为准则，保持经济高速发展。"十三五"时期（2016—2020年）的主要发展目标是以提高发展质量和效益为中心，以供给侧结构性改革为主线，扩大有效供给，满足有效需求，在提高发展平衡性、包容性、可持续性的基础上保持经济中高速增长。该时期的黄河流域基本围绕供给侧改革全面提升发展的供给质量，逐步将产业发展方式向中高端转变。由于近十年的发展积累和发展方式调整，在"十三五"末期以及"十四五"初期，黄河流域的整体发展水平迈上了一个新台阶。

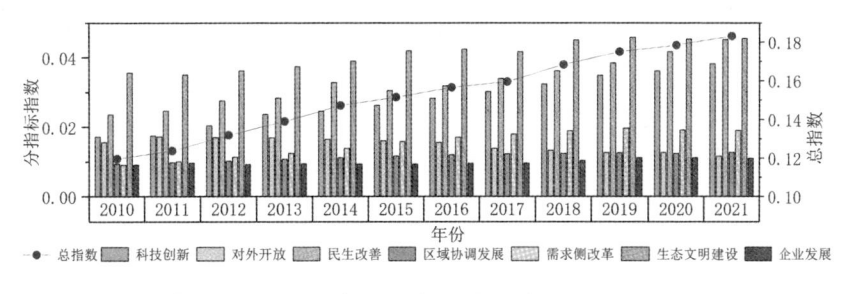

图 5-1　黄河流域 57 个城市的高质量发展指数和分指数时间变化

(二) 分指标变化特征

根据指标体系设置的七个一级评价指标，对黄河流域 57 个城市的科技创新、对外开放水平、民生改善、区域协调发展、需求侧改革状况、生态文明建设状况、企业发展状况进行评价，得到了黄河流域以上七个指标在时间序列上的变化状况。

黄河流域的七个指标发生了显著变化，除对外开放程度下降之外，其余六个指标均得到显著提升。科技创新、对外开放水平、民生改善、区域协调发展、需求侧改革状况、生态文明建设状况、企业发展状况的变化率分别为 0.020/10a、-0.005/10a、0.018/10a、0.003/10a、0.010/10a、0.011/10a、0.002/10a。首先，科技创新作为区域发展最有力的驱动力，其正增长速度在众多指标中最快。其次，教育、医疗、养老、失业保障、储蓄等方面的民生改善最能让人民获得满足感，是体现城市治理水平和发展水平的衡量指标，在众多指标中占比也较高，增长速度同样位于前列。再次，黄河流域生态文明建设也得到了稳步提升，自党的十八大以来，国家全方位推进生态文明建设，推进绿色低碳发展。黄河流域人口密度大，人均资源量较少，存在牺牲环境换取经济增长的实际情况，近十年黄河流域生态环境状况得到显著改善，绿色发展动力逐渐增强。对外开放水平是一个相对指标，中国重视配置本土企业，虽然外资投入逐年上升，但其所占GDP的比例在降低,外资投资的企业数占规模以上工业企业的个数也是减少的,这显示了中国内陆企业上升的发展态势。通过培植高质量的本地企业参与外资企业的竞争,实现企业发展的优胜劣汰,对于维持经济稳定和可持续具有重要意义,也是深入贯彻构建以国内大循环为主体、国内国际双循环相互促进的新发展格局的一大举措,是经济高质量发展的典型特征。区域协调发展是以产业结构、需求结构、城镇发展协调发展为内涵的指标,围绕五大发展理念中的协调,解决发展不平衡问题,协调的城市区域发展更具有包容性和韧性,更能够从容应对可能发生的社会矛盾。黄河流域一方面贫富差距较大,另一方面发展速度和资源利用存在错配的矛盾,"木桶效应"较为明显,面临着区域发展不平衡的矛盾。区域协调发展指标的逐年上升表明黄河流域区域发展取得显著成效。需求侧改革主要是解决有效需求不足的结构性问题,从而增强消费能力。当下我国消费能力偏低,矛盾突出,政府投资缺乏推动力。黄河流域需求侧改革的方向和成效的提升代表生产力和需求侧的匹配程度逐年升高。企业发展是支撑城市发展的重要方面,企业的稳步和平衡发展能够拓展城市高质量发展的深度。黄河流域的企业发展受到地理、资源和政策等多方面因素的影响,其企业发展趋势向好为区域高质量发展提供了坚实的经济保障。

二、黄河流域高质量发展综合指数空间分布特征分析

在区域层面,黄河流域四个时期高质量发展指数的整体状况是下游>中游>上游,并且差异显著(图5-2)。具体来讲,各区域的高质量发展都有各自的特点,发展演进方式也存在较大的差别。

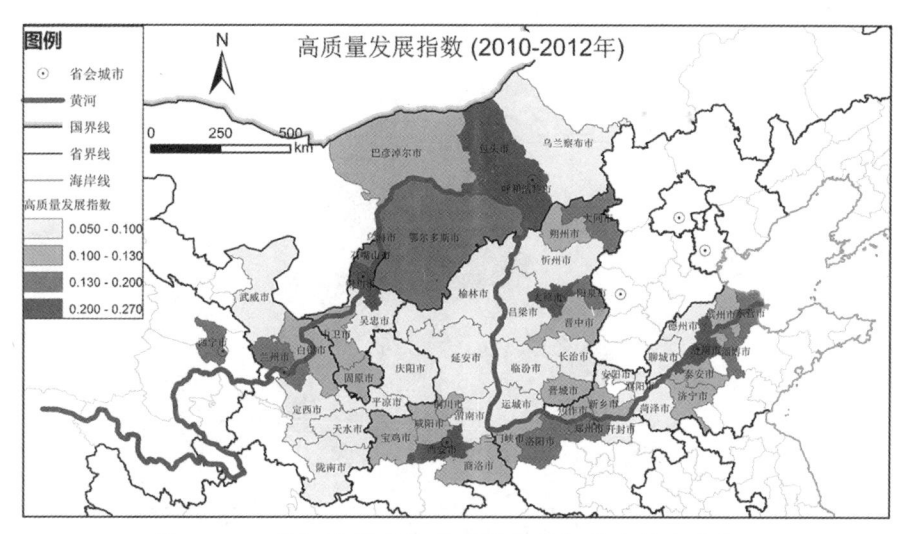

第五章 黄河流域生态保护和高质量发展综合评价

图 5-2a 黄河流域城市高质量发展指数空间分布状况

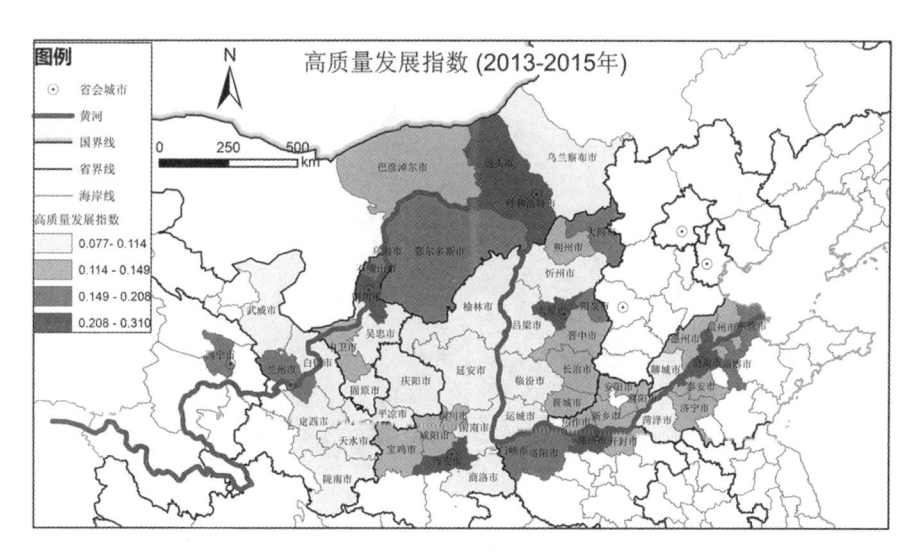

图 5-2b 黄河流域城市高质量发展指数空间分布状况

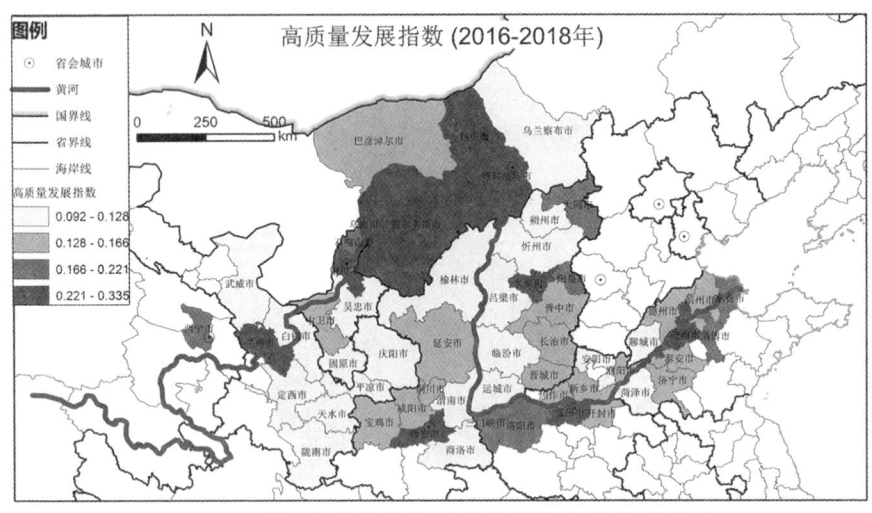

图 5-2c 黄河流域城市高质量发展指数空间分布状况

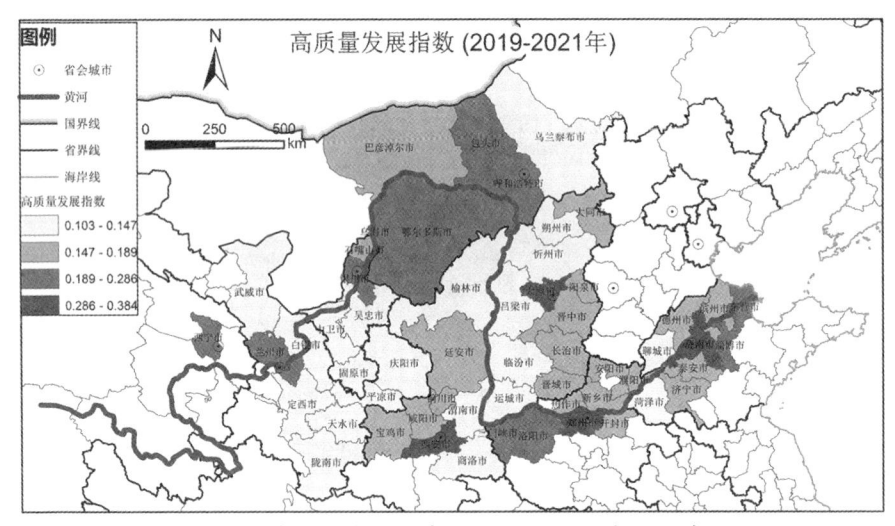

图 5-2d 黄河流域城市高质量发展指数空间分布状况

上游地区的城市高质量发展状况普遍偏低，其中居于前列的城市包括呼和浩特、包头、银川、兰州、西宁等，大部分为省会城市，其次是资源依靠型的工业城市，例如包头和鄂尔多斯。上游地区地形复杂，城市之间连接不紧密，具有高质量发展潜力的城市分布较为松散，没有形成规模集聚效应。上游地区各城市在高质量发展的演进过程中，存在单点发力、局部退化的现象，例如呼和浩特、银川和兰州是上游地区最突出的高质量发展头部城市，在四个时期均保持了较为领先的地位，与其周边城市差距拉大，城市之间的高质量发展进程呈现不协调现象。另外，上游地区的城市高质量发展进程具有不稳定性，例如鄂尔多斯、包头、呼和浩特市拥有丰富的矿产资源，经济发展速度一直较快，但发展速度和发展质量存在不协调现象，第四个时期的高质量发展状况略有下滑。第四个时期，国内爆发了新冠肺炎疫情，对经济发展产生重大冲击，多数城市的发展进程遭受强烈负面影响。应对和防范化解风险以及恢复持续发展的能力作为城市高质量发展的一部分，上游地区城市在该方面的能力表现稍弱。

中游地区的城市高质量发展状况稍强于上游，呈现增长极拉动式发展的现象，一个是以山西省省会太原市为核心的晋中城市群，另一个是以陕西省省会西安为核心的关中平原城市群。其中，居于前列的城市包括西安、太原、阳泉、晋中、咸阳等。周边城市围绕两个中心城市，通过加强城市间的联系和合作，培植了一些后进城市，例如延安、长治等。然而，限制黄河中游城市发展的一大关键因素是地理结构复杂，受太行山脉、秦岭山脉等自然地理分割和行政区经济的影响，相邻省区间经济联系度不高，跨城市协同机制依然较弱，如忻州、吕梁、临汾、运城、渭南等城市带。与东部沿海发达地区相比，黄河流域中游城市的整体发展水平竞争力稍弱，经济高质量发展的强力支撑点仅限于太原和西安等两个平原地带的城市。将四个时期的高质量发展指数进行对比，中游地区虽然总体呈现上升的趋势，但其发展势头较为温和。

下游地区的城市高质量发展状况最强，呈现组团式发展的模式，一个是以郑州为核心的都市圈组团，另一个是以济南为核心的都市圈组团。居于前列的城市包括济南、郑州、洛阳、淄博、三门峡等，以两个省会城市为引领，周边城市共同发展。下游地区的地理位置决定了其发展优势。黄河下游城市基本均处于平原地区，济南和郑州是连接华北和华东的重要交通枢纽，具有明显的区位优势。黄河下游地区城市经济基础相对较好，工业化和城镇化水平较高，拥有较为完善的基础设施和产业体系，成为城市紧密联系和拉动该地区经济高质量发展最核心的驱动力。下游地区各城市在高质量发展的演进过程中，呈现协同发力、先富带动后富的现象。例如，通过对比四个时期的高质量发展指数，济南和郑州是下游地区最突出的高质量发展头部城市，在十多年的发展过程中成功拉动了附近包括德州、安阳、濮阳等城市的发展进程。

第四节 黄河流域分指标评价结果

一、黄河流域各指标时序变化特征分析

研究依据黄河流域高质量发展指标体系分别汇总了科技创新、需求侧改革、企业发展、对外开放、区域协调发展、生态文明建设、民生改善7个子系统，计算了黄河流域57个城市2010—2021年共计12年的高质量发展分指数结果，形成7个子系统的面板数据。基于该面板数据，对7个子

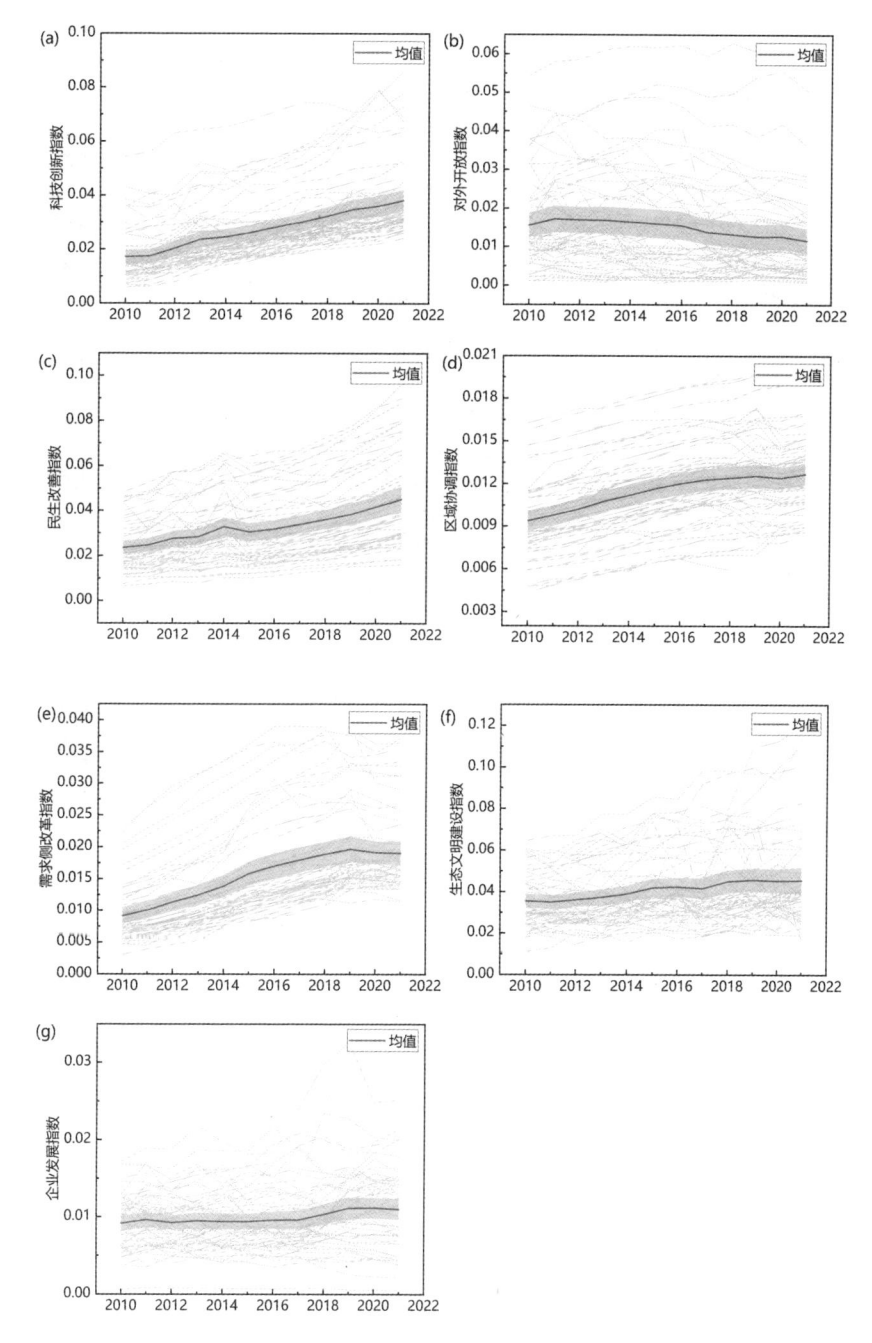

系统时间序列变化进行分析，结果如图 5-3 所示。

图 5-3　黄河流域高质量发展 7 大子系统时间变化趋势图

整体上来看，黄河流域科技创新、需求侧改革、企业发展、区域协调发展、生态文明建设、民生改善6个指标的变化均呈现上升的趋势，对外开放程度指标呈现下降的趋势。从所有城市各指标与其平均值的对比上看，高质量发展的差距悬殊。较为明显的指标有科技创新指数、对外开放指数、民生改善指数、需求侧改革指数、生态文明建设指数。将各城市的各发展指标与黄河流域整体的平均值进行对比，出现了位于平均值以上的城市寥寥无几、位于平均值以下的城市密度极高的现象，位于高质量发展头部的数个城市凭借强劲发展势头将一般城市远远地甩在后面，"贫""富"差距明显。最为突出的是科技创新和需求侧改革指数两项指标，由于头部城市人口规模十分庞大，科技实力强，市场化水平高，容易发挥规模集聚效应，进一步扩大优势。而小城市在这些方面基本的发展条件处于劣势，后续发展动力不足，竞争力远比不上头部城市。

（一）在科技创新方面，黄河流域科技创新指数呈现明显上升趋势，57个城市科技创新的3个指标，即科研人力投入强度、科研经费投入强度、数字经济综合发展指数，在2010—2021年间均大幅提高，这说明12年间黄河流域各城市的各项创新能力都有很大提升。黄河流域科技创新指数从2010年的0.0172增长到2021年的0.0382，增长1倍多，说明黄河流域科技创新实力的巨大提升。在发展过程中，前期（2010—2013年）增长较为快速，后续呈平稳增长态势。另外，从各个城市科技创新发展趋势看，虽然每个城市的科技创新发展都具有较大差异，发展过程也存在不同程度的波动状况，但不存在科技创新程度下降的城市，这也表明科技创新作为第一生产力，当之无愧为高质量发展的第一动力。

（二）在对外开放方面，黄河流域各城市之间的对外开放指数是两极差最悬殊的指标,这不仅体现在头部城市和尾部城市之间开放程度的较大差距,也体现在一般城市的对外开放程度基本不存在。因为该指标以外部资本在本地开办企业数量和投资数量进行表示,有些城市因为不具备外商投资的吸引力,所以对外开放程度基本忽略不计。另外,由于近十年以来国际形势动荡不安,国际经济发展动力不足,所以实际外资引入的比率越来越低,对外开放指数从 2010 年的 0.0156 下降至 2021 年的 0.0116,下降约 1/3。近些年国家重视本地企业竞争力的培植,在全球产业链呈现区域化和内链化重构趋势背景下,国家正加快培育本土"链主"企业,提升我国产业链现代化水平。

(三)在民生改善方面,黄河流域民生改善指数呈现稳步上升趋势,57 个城市民生改善的 7 个指标,即固定资产投资共享水平、教育财政支出水平、城乡居民储蓄年末余额水平、医生数共有水平、养老保险参保水平、医疗保险参保水平、失业保险参保水平在 2010—2021 年间均明显提高。黄河流域民生改善指数从 2010 年的 0.0236 增长到 2021 年的 0.0452,增长近 1 倍,说明民生改善水平得到了显著提升。与此同时,作为最贴近人民生活质量的指标,民生改善几个方面的提升需要强大经济实力作为支撑,在黄河流域民生改善水平得到显著提升的过程中,头部城市凭借其强大经济实力,其民生改善完成度最高,完成质量最好。

(四)在区域协调指数方面,黄河流域区域协调指数呈现上升趋势,57 个城市区域协调指数的 3 个指标,即产业收入协调度、需求结构协调度、城镇化率在 2010—2021 年间呈现波动式增长。黄河流域区域协调指数从 2010 年的 0.0094 增长到 2021 年的 0.0127,增长约 1/4,增长幅度相对较小。区域协调指数增长缓慢与不同类型城市采取城市发展策略的差异有很大关系,例如资源型城市通常以工业作为主要产业,自然人文景观丰富的旅游型城市通常以服务业作为主要产业,不同定位决定了不同城市主导的产业发展方向,短时间内产业发展模式变化不大,所以产业收入协调度的提升通常不明显。多数城市在整个时间段内具有一个明显的转折点,新冠肺炎疫情对我国的区域协调指数造成了重大冲击。封城与封堵措施的实施导致零售业、餐饮业和旅游业等产业衰退,对社会消费需求结构产生重大冲击。疫情期间的封锁和隔离措施影响了人口的流动模式,在一定程度上改变人口迁移的趋势和城市化的速度,对城市化的发展速度和方向产生不利影响。

(五)在需求侧改革方面,黄河流域的需求侧改革指数呈现明显上升趋势,57个城市需求侧改革的3个指标,即第三产业比重、零售消费强度、政府投资强度在2010—2021年间均大幅提高,这说明12年间黄河流域各城市的需求侧改革措施取得了显著的效果。黄河流域需求侧改革指数从2010年的0.0091增长到2021年的0.0191,增长1倍多,说明黄河流域经济有效需求的进一步扩大。值得关注的是,各城市有效需求扩大的进程受新冠肺炎疫情的影响,明显停滞或下滑。疫情导致部分行业停产减产,各行业经营困难,人民收入下降。经济前景的不确定性,使得消费者减少对非必需品的消费,导致有效需求不足。一些企业倒闭或裁员,就业市场压力增大,并直接影响居民的收入水平和消费能力。黄河流域发达的城市需求更大,而新冠肺炎疫情带来的不利影响也更加明显。另外,各级政府出台了一系列减税降费、增加公共投资的刺激政策,但疫情过后政策效应的发挥需要时间,短期内还未能遏制有效需求的进一步停滞和衰退。

(六)生态文明建设方面,黄河流域生态文明建设指数呈现明显上升趋势,57个城市生态文明建设的4个指标,即环境污染程度、环境治理水平、生态环境状况、环境保护水平在2010—2021年间均有所提升。黄河流域生态文明建设指数从2010年的0.0356增长到2021年的0.0455，增长较为缓慢，说明黄河流域生态文明建设虽取得一定成效，但仍有较大发展空间。通过对57个城市进行统计，生态文明建设指数显著上升的仅有20个城市，说明生态文明建设整体成效并不理想。黄河流域生态文明建设指数的时间序列变化呈现增长缓慢、波动较大、容易退返的特征。上述特征的形成和黄河流域生态系统的脆弱性分不开，一方面流域内水资源较为短缺，一些资源型城市的发展容易对水资源过度利用，且极易产生水污染问题；另一方面，该地区对气候变化较为敏感，其本身地形地貌条件容易发生水土流失等环境问题，应对极端气候事件的能力较弱。当地已取得的生态保护和治理成果抵抗力和恢复力较差，面临巨大的退化风险。另外，高强度的人类活动，例如过度的农业耕作、矿产资源开发、城市扩张等，极易对当地的生态环境造成直接破坏，致使生态文明建设工作难以得到进一步的推进。

（七）在企业发展指数方面，黄河流域企业发展指数呈现波动式上升趋势，57个城市企业发展的3个指标，即新生企业活力、城市项目活力、房地产企业稳定性在2010—2021年间呈现较强的波动变化特征。黄河流域企业发展指数从2010年的0.0092增长到2021年的0.0110，增长较为缓慢。企业发展受国家政策、科技创新、资源禀赋的影响较大。对于新生企业来讲，国家支持政策的发布为企业提供了发展机遇，国家支持政策的有效实施可为企业的起步阶段提供有力支持。党的十六大以来，中共中央提出坚持全面、协调、可持续的发展观。黄河流域同时也开始强调可持续发展和绿色经济，黄河流域的企业发展开始向节能减排、清洁生产和服务导向转型。黄河流域生态保护和高质量发展重大国家战略的发布为企业的进一步转型和绿色发展提供政策支持，传统产业通过技术改造和升级，新兴产业得到培育和发展，这些变化在短期内可能导致企业发展速度的波动，但长期来看有助于提升整个流域的经济质量和企业的竞争力。

二、黄河流域各指标空间分布特征分析

根据每个子系统指标高质量发展的评价结果，采用空间分析软件，我们得到了黄河流域每个子系统四个时期的空间分布图。

(一) 科技创新

本研究对黄河流域57个城市在四个不同时期（2010—2012年、2013—2015年、2016—2018年、2019—2021年）（图5-4）的科技创新指数进行了分析，识别了科技创新指数的引领城市和增速较快的城市，分析了这些城市在空间分布上的特征，并针对科技创新指数较强的几个城市，深入探讨其变化特点和发展原因，最后分析了科技创新偏弱城市的特征和可能原因。

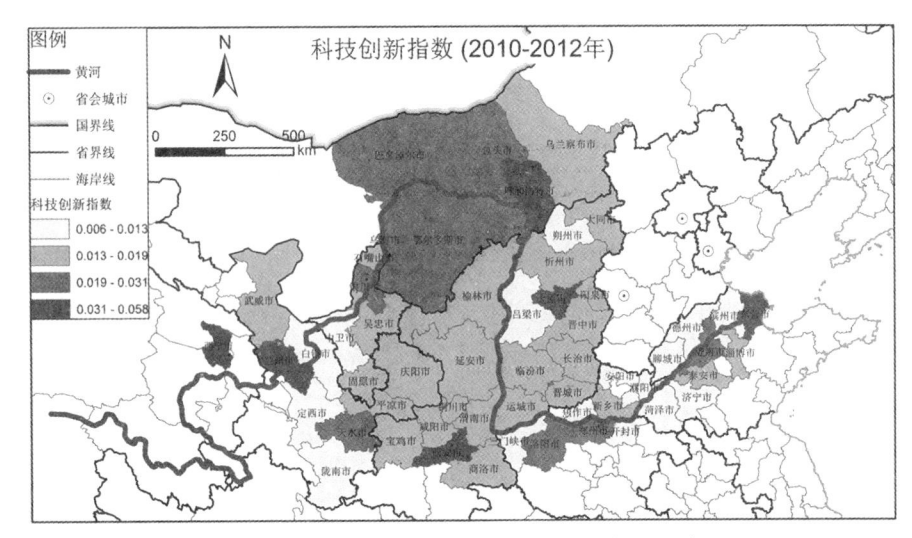

图5-4a　黄河流域科技创新指数空间分布

第五章 黄河流域生态保护和高质量发展综合评价

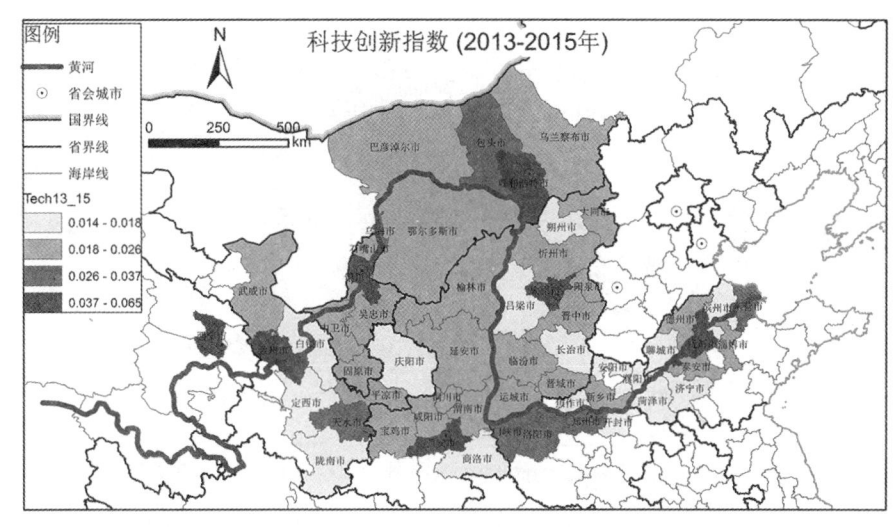

图5-4b 黄河流域科技创新指数空间分布

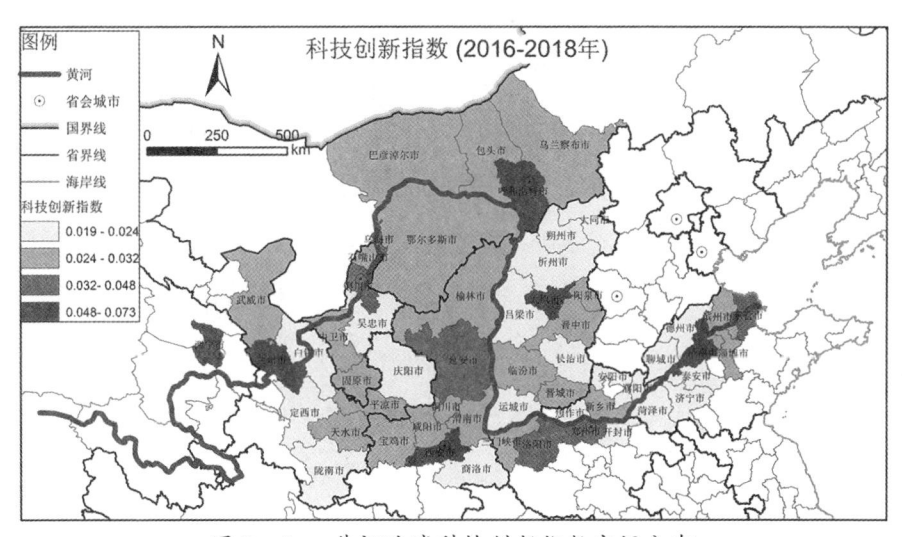

图5-4c 黄河流域科技创新指数空间分布

101

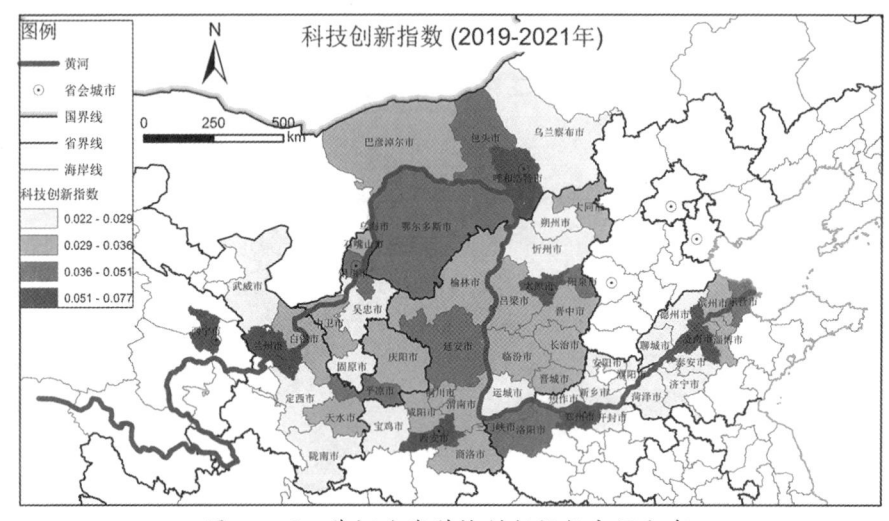

图 5-4d 黄河流域科技创新指数空间分布

通过观察四个时期科技创新指数的变化趋势和发展进程，得到了黄河流域科技创新指数靠前的城市，包括西安、呼和浩特、济南、兰州、太原、郑州等，科技创新增速较快的城市包括郑州、西宁、济南、兰州、呼和浩特。以西安为例，其科技创新指数从 2010—2012 年的 0.0579 增长到 2019—2021 年的 0.0734，显示出稳定的增长趋势。西安作为西北地区的科技和教育中心，拥有多所高等学府和研究机构，这是其科技创新能力强的主要原因。兰州、济南、呼和浩特和西宁同样表现出较高的科技创新指数，这些城市均为省会城市，拥有类似的优势，如教育资源集中、政府政策支持、更有活力的高新技术产业的发展、人才的吸引能力等。第一时期各城市的科技创新差距较小到最后一个时期的差距悬殊，说明了这些因素随着社会经济发展变得更加集聚，这些因素相互作用，共同推动了城市科技创新发展，使得黄河流域最终的科技创新竞争几乎完全沦为了几大省会城市的竞争。

从空间分布上看，黄河流域科技创新具有区域发展不平衡的特点，呈现出显著的下游—中游—上游梯式递减态势。下游地区如山东半岛的城市群创新能力较强，而中上游地区尤其是黄土高原和西北地区的城市创新能力相对较低。这种区域发展不平衡可能导致资源配置不均，上游地区缺乏足够的创新驱动力。在黄河流域上游和中游的一些地区，政府在科技创新方面的投入可能不足，缺乏对研发活动、创新平台建设、人才培养等方面的支持。一些城市也由于经济基础较为薄弱，信息化水平和基础设施建设水平较低，因此面临人才流失问题，尤其是高技能人才倾向于流向经济更发达、创新环境更成熟的地区，限制了科技创新活动的开展。另外，在上述因素的综合作用下，科技创新实力较强的城市（例如济南、郑州）可能更加注重自身发展，缺乏对周边城市的辐射，进一步加剧了科技创新发展的不平衡。

(二)对外开放

本研究对黄河流域 57 个城市在四个不同时期（2010—2012 年、2013—2015 年、2016—2018 年、2019—2021 年）（图 5-5）的对外开放指数进行了分析，将 57 个城市与其对外开放指数进行空间对应，分析不同地区之间的差异以及可能的原因。

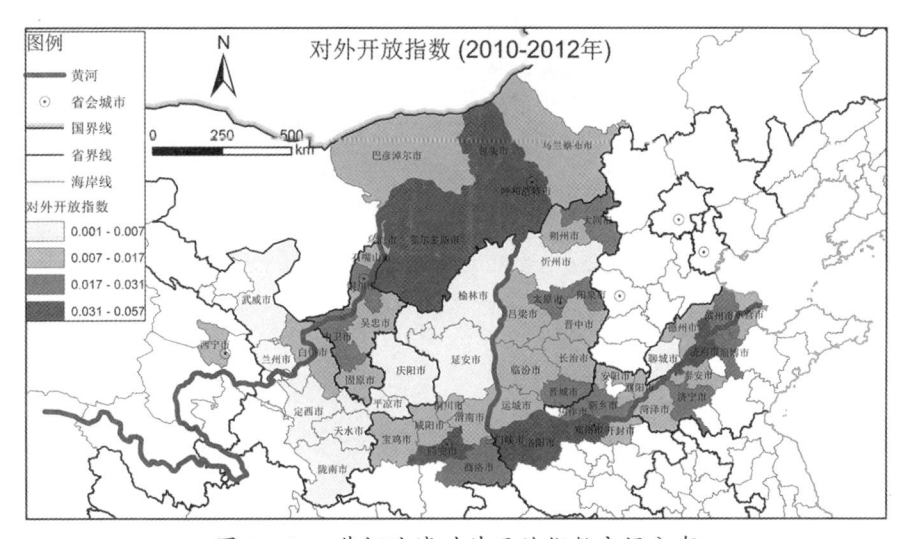

图 5-5a　黄河流域对外开放指数空间分布

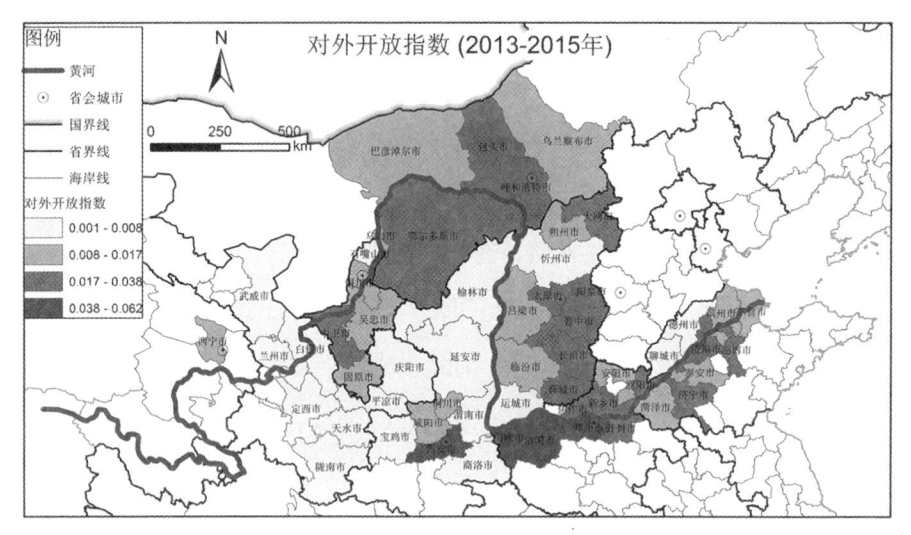

图 5-5b 黄河流域对外开放指数空间分布

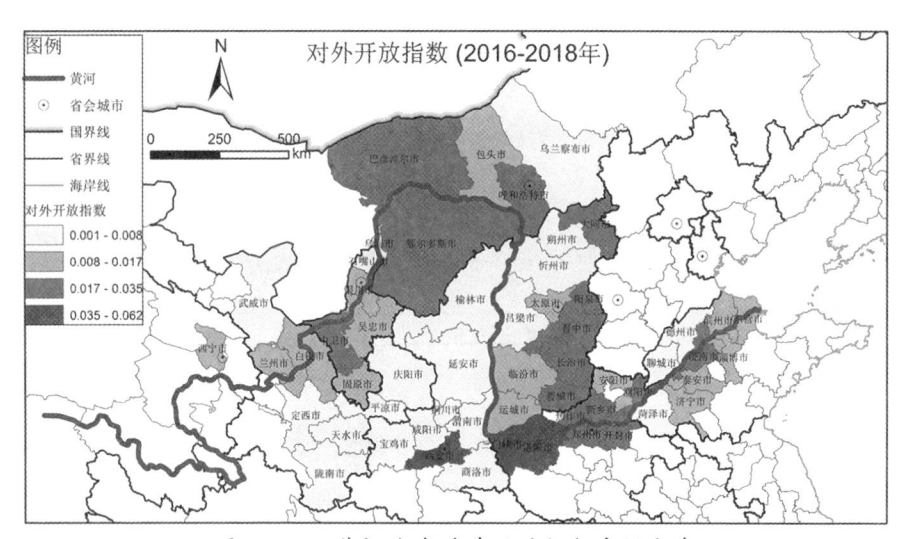

图 5-5c 黄河流域对外开放指数空间分布

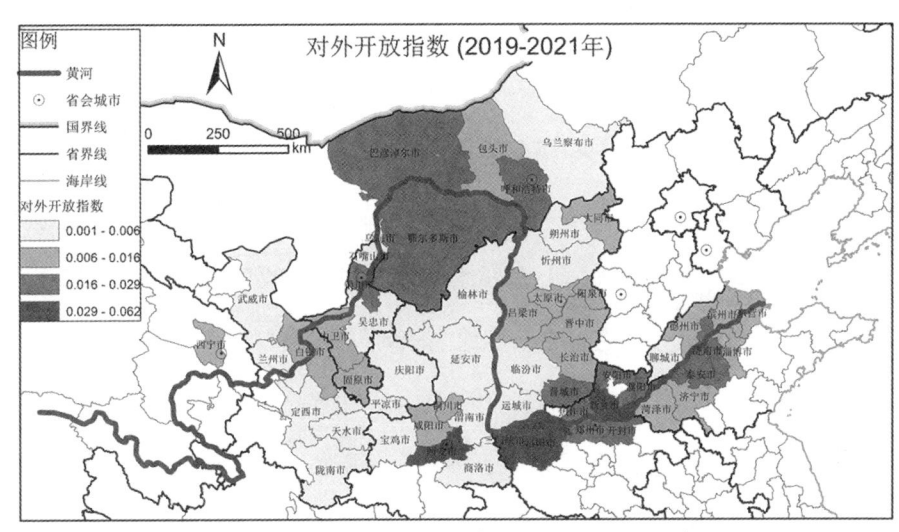

图 5-5d　黄河流域对外开放指数空间分布

观察四个时期对外开放指数的变化趋势和发展进程，黄河流域对外开放程度呈现明显的空间分异特征。对外开放指数较高的城市主要集中在黄河流域中下游地区，尤其是西安、郑州、济南等省会城市和经济发展较为活跃的城市。这些城市通常具有较好的交通网络、较为完善的基础设施和较强的经济实力，吸引了更多的外商投资和国际合作。越临近东部沿海港口，越容易受到沿海经济开放的影响，从而在对外开放方面表现更为积极。相比之下，位于上游地区的城市，尤其是地理位置较为偏远的城市，对外开放指数相对较低，例如甘肃和陕西大部分城市。省会城市如西安、郑州、济南的对外开放指数普遍高于非省会城市。这与省会城市作为政治、经济、文化中心的地位有关，省会通常拥有更多的经济发展优势、政策优势、人才资源、文化资源和信息资源，较为完善的产业链和市场体系，能够提供更多的商业机会和更好的投资环境，从而更容易吸引外资和推动开放型经济发展。

一些城市可能因得到特定的政策支持而在对外开放方面取得显著进

展。例如，国家级新区、自由贸易试验区等特殊经济区域的设立，带来一系列的开放政策和优惠措施，促进当地对外开放水平的提高。例如，国家设立在河南郑州、开封、洛阳境内的自由贸易试验区，联动包括三门峡、新乡等城市，成为黄河流域对外开放和产业发展的一处高地。综合对比四个时期的对外开放水平，大部分地区的对外开放程度呈现下降趋势，尤其以上游大部分城市为主，中下游地区的对外开放程度保持着较高水平。以西安为例，西安作为国家级新区和自由贸易试验区，享受包括税收减免、行政审批便利化等政策支持。西安咸阳国际机场的扩建、高铁网络的完善以及城市轨道交通的发展，极大地提升了西安的交通便利性，为对外开放提供了良好的物流条件。同时，西安作为中国古代四大文明古都之一，拥有丰富的历史文化资源，如兵马俑、大雁塔等，吸引了大量国内外游客，促进了文化交流和旅游业的发展。西安在航空航天、高新技术、装备制造等领域形成了产业集聚效应，吸引了相关产业链上的大量外资企业和国际合作公司。

(三)区域协调发展

本研究对黄河流域57个城市在四个不同时期（2010—2012年、2013—2015年、2016—2018年、2019—2021年）（图5-6）的区域协调发展指数进行了分析，识别了区域协调发展速度较快和较慢的城市，分析了其地理空间特征。

黄河流域区域协调发展指数，下游＞中游＞上游，并且随社会经济不断发展，东西向的区域协调发展差距逐渐拉大。对区域协调发展指数进行描述性统计分析，发现一些城市在区域协调发展指数上表现出显著的增长趋势。例如，郑州、西安作为省会城市，在2010年至2021年期间，其区域协调发展指数分别从 0.015 增长至 0.019，从 0.016 增长至 0.020，显示出较快的发展速度。快速发展的城市通常位于区域交通网络的核心位置，例如郑州位于中国中部，是国家重要的铁路、公路、航空交通枢纽，西安则是我国西部重镇，也是共建"一带一路"重要的节点城市之一。这些城

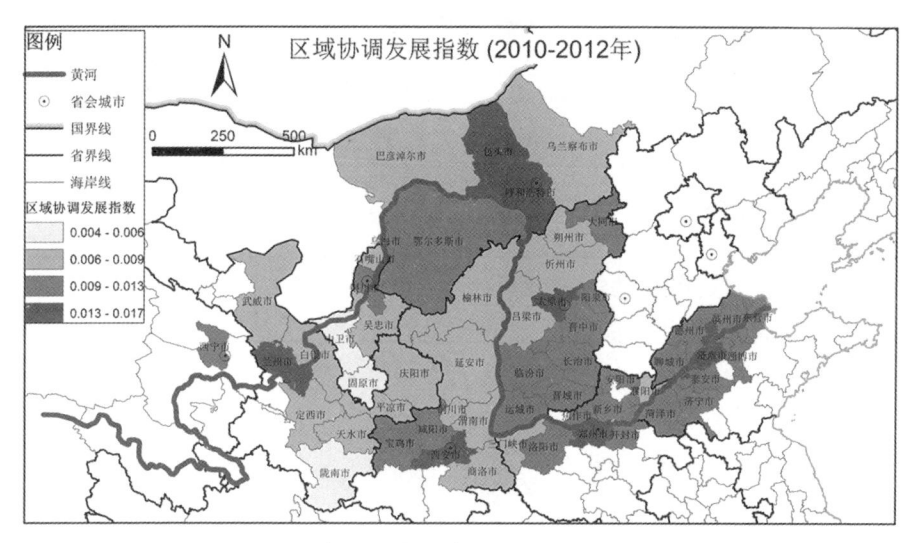

图 5-6a 黄河流域区域协调发展指数空间分布

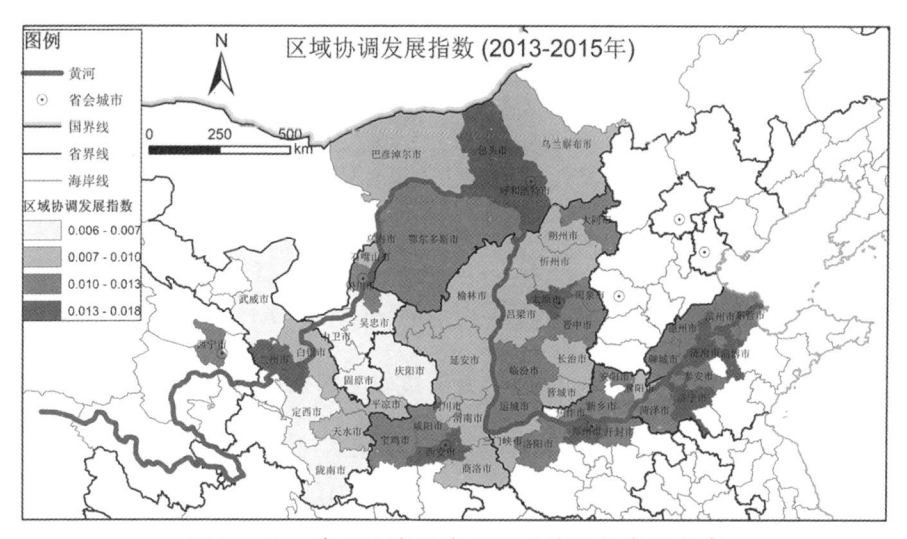

图 5-6b 黄河流域区域协调发展指数空间分布

107

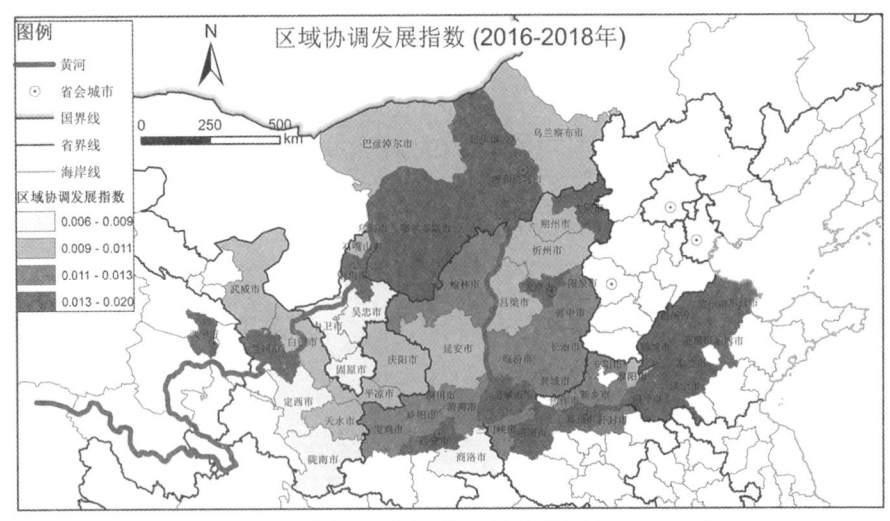

图 5-6c 黄河流域区域协调发展指数空间分布

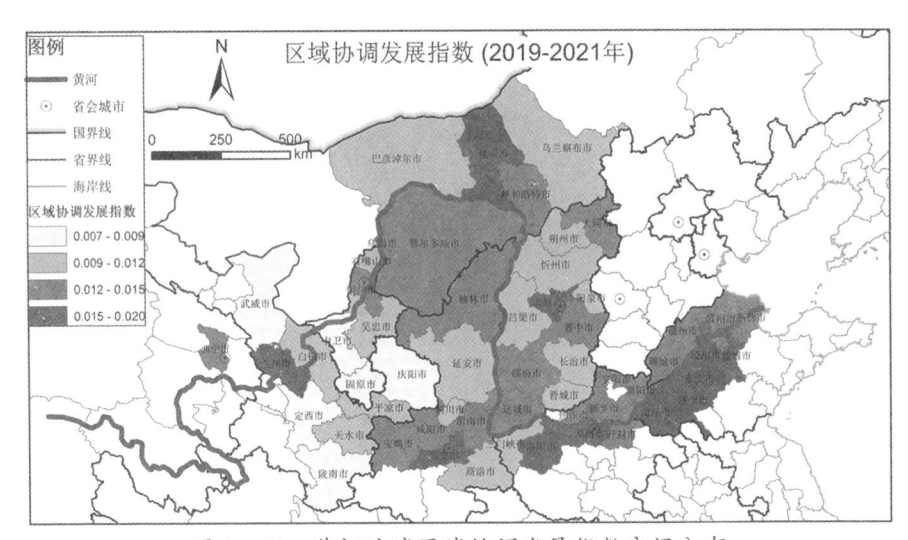

图 5-6d 黄河流域区域协调发展指数空间分布

市的地理位置优势为区域协调发展提供了便利条件。区域协调发展成长较快的城市具有以下特点：一是产业发展较为协调，这有助于优化城市经济结构，减少对单一产业的依赖，增强经济的抗风险能力。各产业间的协调可以吸纳更多的劳动力，提供多样化的就业机会，缩小了城市与乡村、不同区域之间的发展差距。二是城镇化进程加快，根据国家统计局数据，西安市的城镇化率从2010年的70.5%增长至2019年的83.3%，这一城镇化进程的加快，反映了城市基础设施和公共服务的改善，能够为区域协调发展提供支撑。

研究也关注到区域协调发展较弱城市基本分布在地理位置相对偏远的地区。例如，位于甘肃省的陇南市，其区域协调发展指数从2010年的0.00709增长至2021年的0.00799，增长速度极为缓慢。陇南市地处甘肃省东南部，相对偏远的地理位置限制了其与外界的经济交流。区域协调发展较弱城市的产业结构单一。以天水市为例，该市以农业为主，工业基础相对薄弱，缺乏多元化的产业支撑，这在一定程度上限制了其经济发展的速度。区域协调发展较弱城市的城镇化水平较低。根据国家统计局数据，一些城市如定西市，其城镇化率从2010年的30.6%增长至2019年的38.7%，城镇化水平的提升速度较慢，这是由于缺乏高质量经济的支撑，居民的生活质量和经济活动的增长效率严重低于黄河流域平均水平。通过对四个时期的区域协调发展指数进行对比，发现在第三时期（2016—2018年）黄河流域区域协调发展指数达到顶峰，全域除上游甘肃省几个城市外均取得了阶段性快速增长，在第四时期受新冠肺炎疫情的影响整体略有下降。

（四）民生改善

本研究对黄河流域57个城市在四个不同时期（2010—2012年、2013—2015年、2016—2018年、2019—2021年）（图5-7）的民生改善指数进行了分析，识别了民生改善的较强和较弱的城市，分析了其地理空间特征。

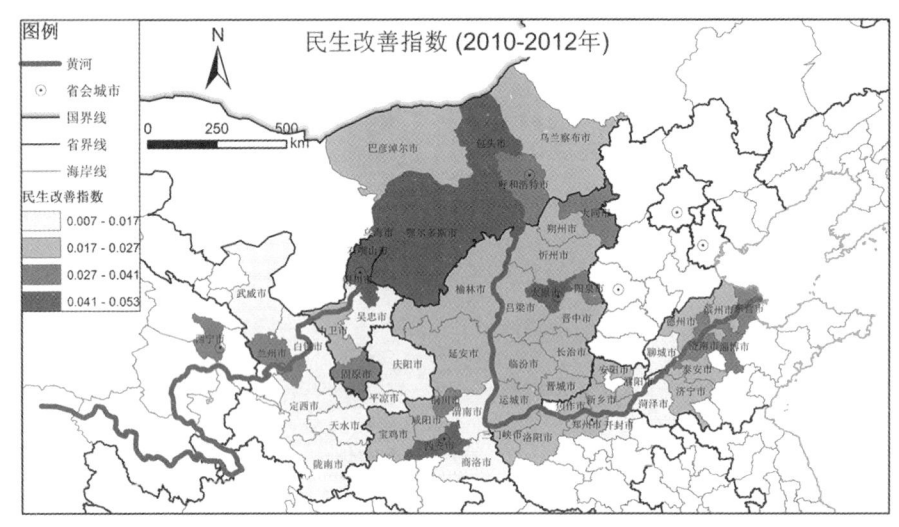

图 5-7a 黄河流域民生改善指数空间分布

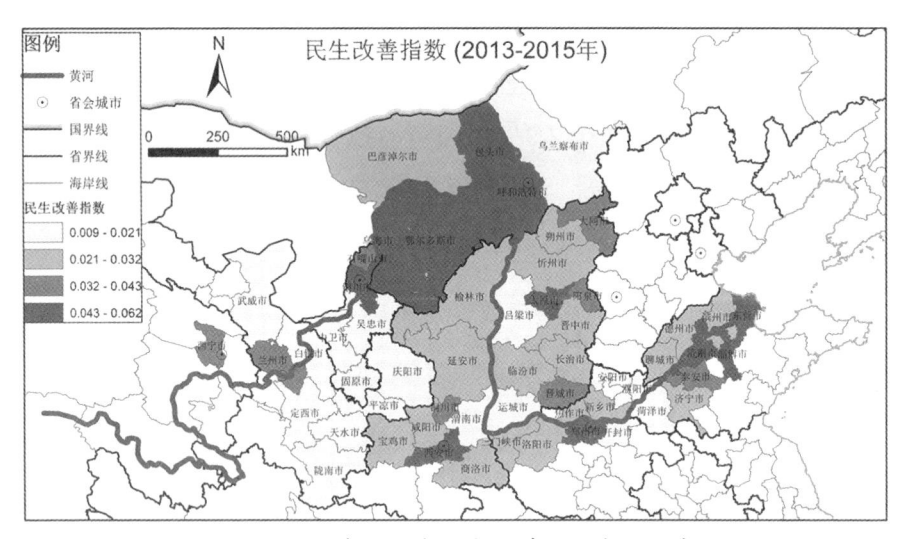

图 5-7b 黄河流域民生改善指数空间分布

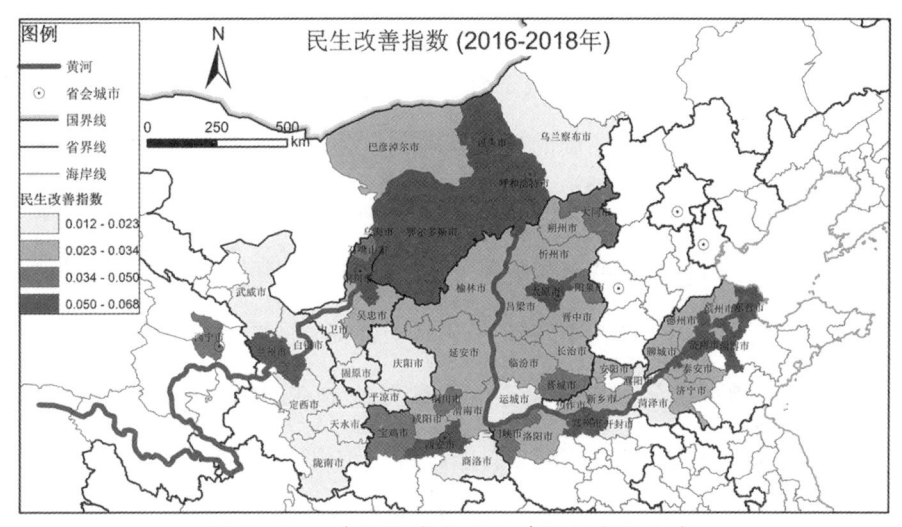

图 5-7c　黄河流域民生改善指数空间分布

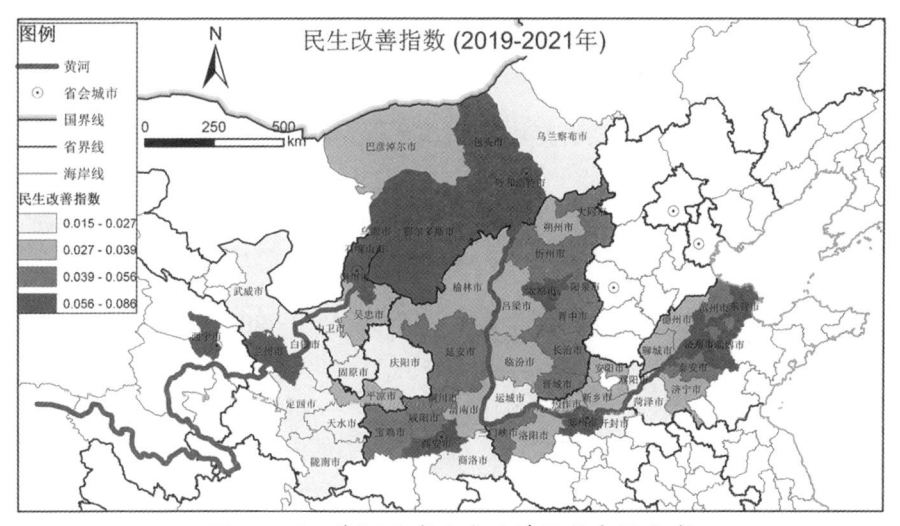

图 5-7d　黄河流域民生改善指数空间分布

黄河流域民生改善状况呈现以下空间特征：民生改善东高西低，高民生改善水平城市空间集聚明显，低民生改善水平城市零散镶嵌全域。通过对四个时期民生改善快速发展城市进行对比分析，结果显示太原、济南、郑州、银川、东营等城市的指数增长显著。例如，郑州的民生改善指数从

2010—2012年的0.0238增长至2019—2021年的0.0850，显示出急速上升的趋势。民生改善取得显著提升的城市一般具有较好的经济基础保障，政府在民生改善方面有明确的政策导向和目标，城市管理和治理水平较高，能够有效解决社会矛盾和问题。例如，郑州作为国家中心城市，享受了一系列国家层面的发展战略和政策倾斜，这些政策有效地促进了当地经济的多元化发展和民生的持续改善。还有一些资源型城市的民生改善水平也相对较高，例如鄂尔多斯、包头市依靠当地丰富的煤炭、天然气等矿藏资源，改善了当地整体民生环境，但这些城市也面临着可持续发展的问题，是亟待转型的城市。另外，一些依靠绿色发展理念的城市也实现了逆势反超，例如，东营虽然经济基础处于中游水平，但其作为黄河下游入海口的海滨城市，对外开放程度高，同时注重生态发展，交通较为便利，还有着丰富的矿产资源，人口密度较小，2018年人均GDP达到19.19万元，超越多数一线城市。

相对于发展快速的城市，天水、武威、定西等城市的民生改善指数增长缓慢。例如，天水的民生改善指数从2010—2012年的0.0106增长至2019—2021年的0.0175，增长率相对较低。这些城市多位于地理条件较为苛刻的地区，如山区或偏远地带，交通不便限制了其经济发展和对外交流。这些城市同样也面临产业结构单一、资源匮乏、教育医疗资源不足等问题。此外，政策支持力度不足、人才流失、投资不足等因素也制约了这些城市的民生改善。例如，定西位于甘肃省东南部，较为偏远的地理位置和较为单一的农业经济结构可能是其民生改善缓慢的主要原因。

（五）需求侧改革

本研究对黄河流域57个城市在四个不同时期（2010—2012年、2013—

2015年、2016—2018年、2019—2021年)(图5-8)的需求侧改革指数进行了分析,识别了需求侧改革成效较高和较低的城市,分析了其地理空间特征。

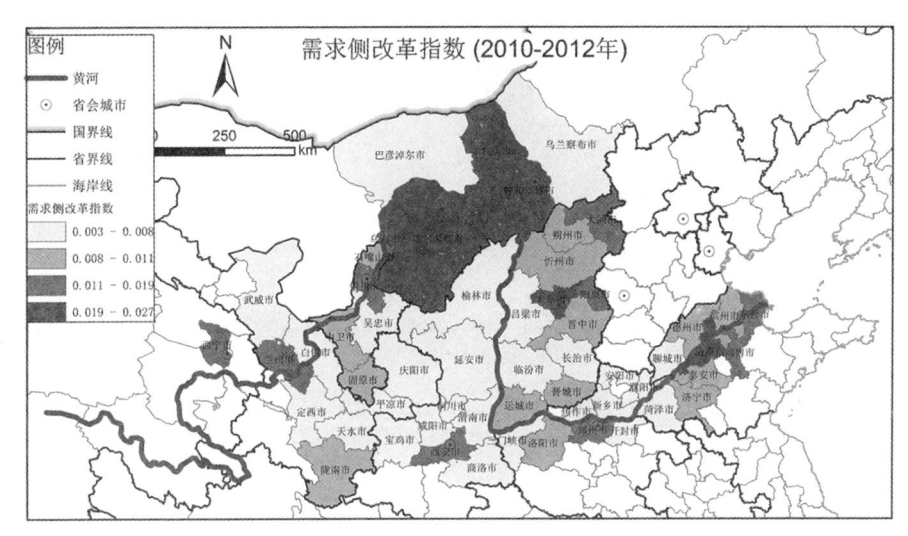

图5-8a 黄河流域需求侧改革指数空间分布

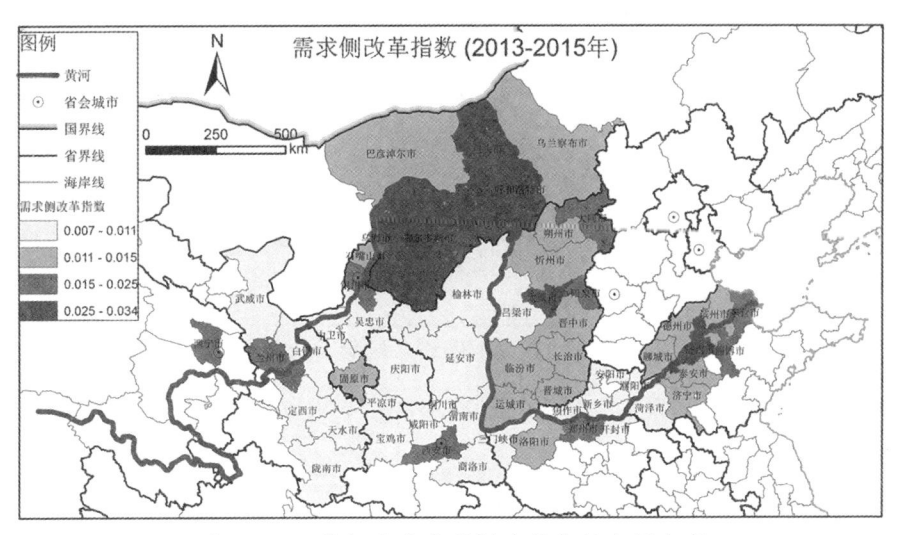

图5-8b 黄河流域需求侧改革指数空间分布

图 5-8c 黄河流域需求侧改革指数空间分布

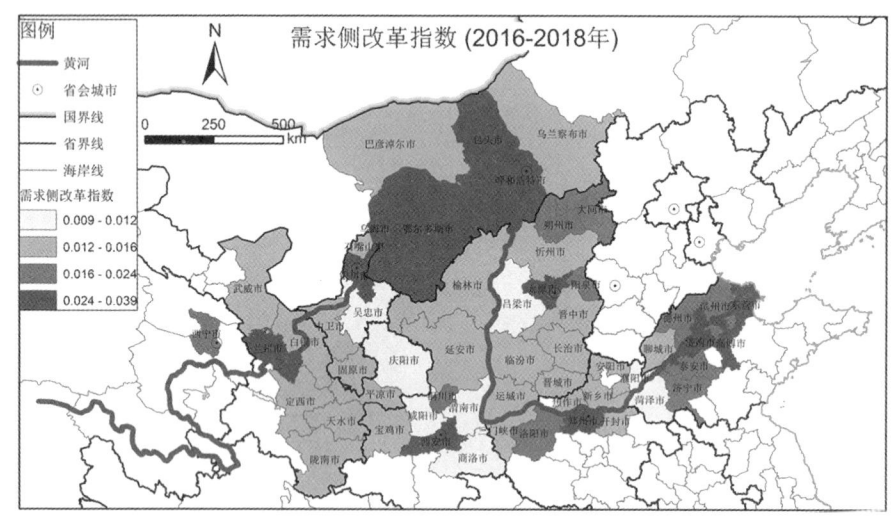

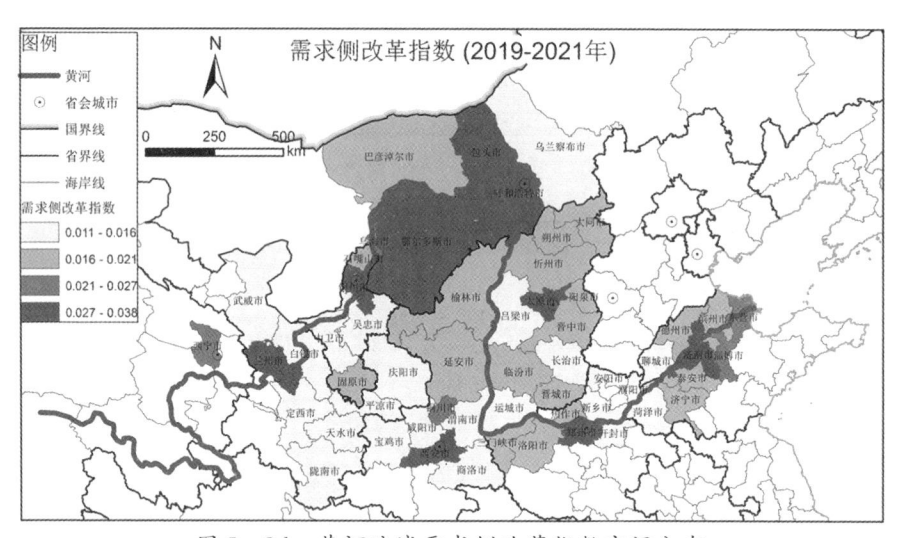

图 5-8d 黄河流域需求侧改革指数空间分布

需求侧改革的成效通常与城市经济发展水平、产业结构、市场活力以及政府政策等因素紧密相关。通过观察四个时期需求侧改革指数的变化趋势和发展进程，发现黄河流域需求侧改革发展状况呈现以下空间演进特征：前三个时期各城市需求能力稳步提升，并逐步围绕中心省会城市集聚，第四时期有效需求动力不足，有效需求格局下降到第二时期的水平。

围绕四个时期城市有效需求能力的时空演变，发现太原、呼和浩特、济南、郑州、西安等展现出需求侧改革指数的显著增长趋势。例如，郑州的需求侧改革指数从2010—2012年的0.0125增长至2019—2021年的0.0364，表明其需求结构在这一时期得到了显著优化。需求侧改革的快速发展往往与城市产业结构的优化、消费市场的活跃度提升以及政府投资的有效引导密切相关。例如，郑州作为国家中心城市，近年来大力发展现代服务业和高新技术产业，同时通过政策引导促进消费升级，如推动夜间经济、电子商务等新型消费模式的发展，有效提升了需求侧改革的成效。

相对于发展快速的城市，一些城市的需求量改革指数增长缓慢。例如，大同、阳泉、长治等城市的需求侧改革指数增长幅度较小。这些城市多位于地理条件相对不利的区域，如山区或偏远地带，交通不便可能限制了其与外界的经济文化交流，影响了经济社会发展的速度。经济发展水平较低，产业结构以传统农业或资源型产业为主，缺乏多元化的产业支撑，经济发展内生动力不足，抵御风险能力较差。例如，大同作为传统的煤炭产区，长期以来依赖资源型产业，随着资源枯竭和环境保护政策的加强，经济增长放缓，需求侧改革的推进也相对滞后。除此之外，黄河流域中下游地区虽然整体需求供给能力较强，但仍有一些城市需求供给能力还处在较低的水平，如聊城、菏泽、濮阳、安阳、运城、商洛、渭南等。需求侧改革的成效与城市的地理位置、产业结构、市场活力以及政府政策等因素密切相关。城市政府在制定和实施需求侧改革政策时，需要综合考虑这些因素，以实现更加全面和均衡的社会发展。对于发展缓慢的城市，政府可能需要采取更为积极的政策措施，如加大对基础设施建设的投入、优化产业结构、培育消费市场等，以促进需求侧改革的深入发展。

(六) 生态文明建设

本研究对黄河流域57个城市在四个不同时期（2010—2012年、2013—

2015年、2016—2018年、2019—2021年)(图5-9)的生态文明建设指数进行了分析,识别了生态文明建设成效较高和较低的城市,分析了其地理空间特征。

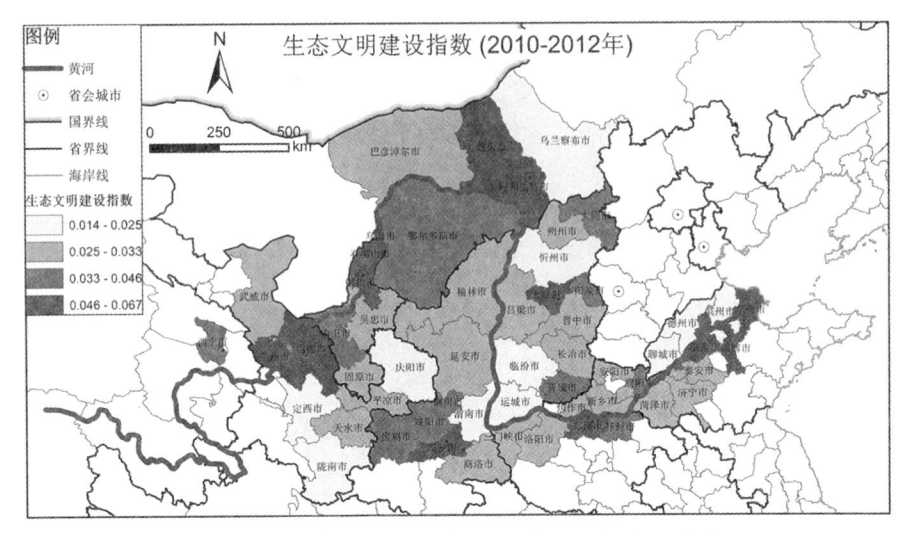

图5-9a 黄河流域生态文明建设指数空间分布

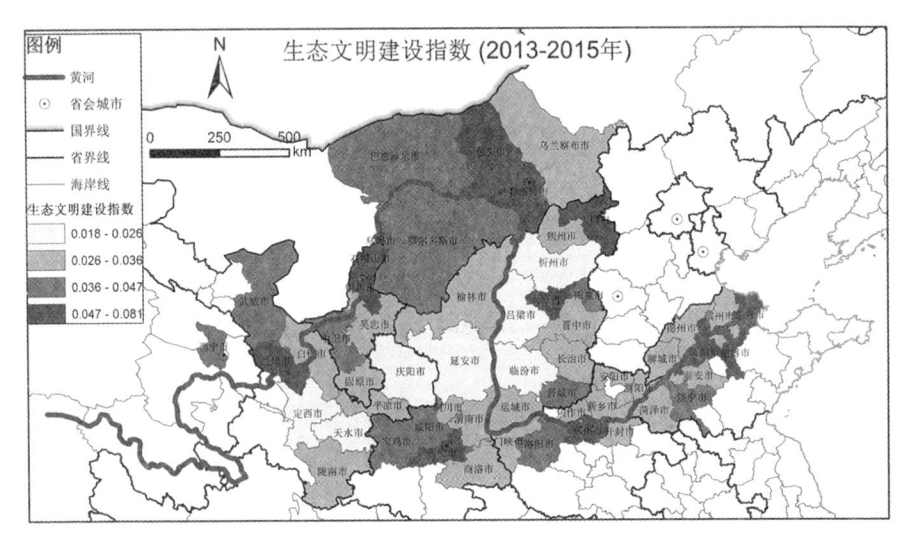

图5-9b 黄河流域生态文明建设指数空间分布

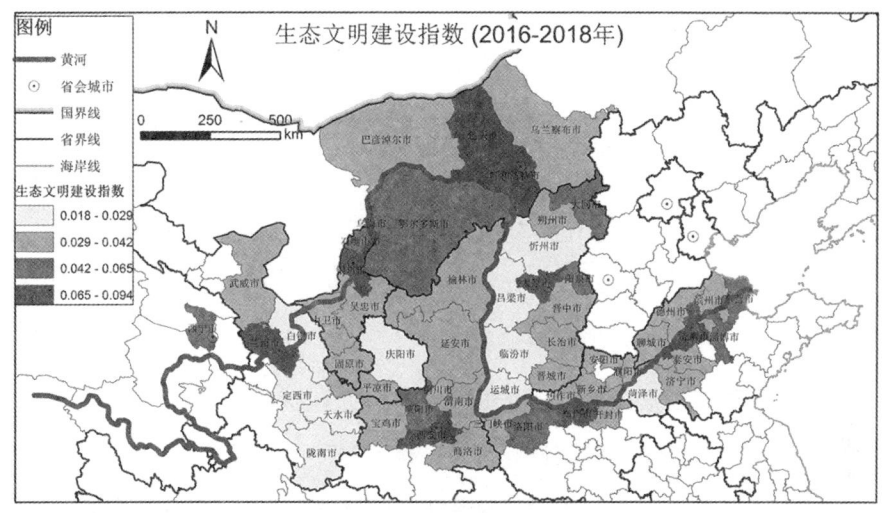

图 5-9c　黄河流域生态文明建设指数空间分布

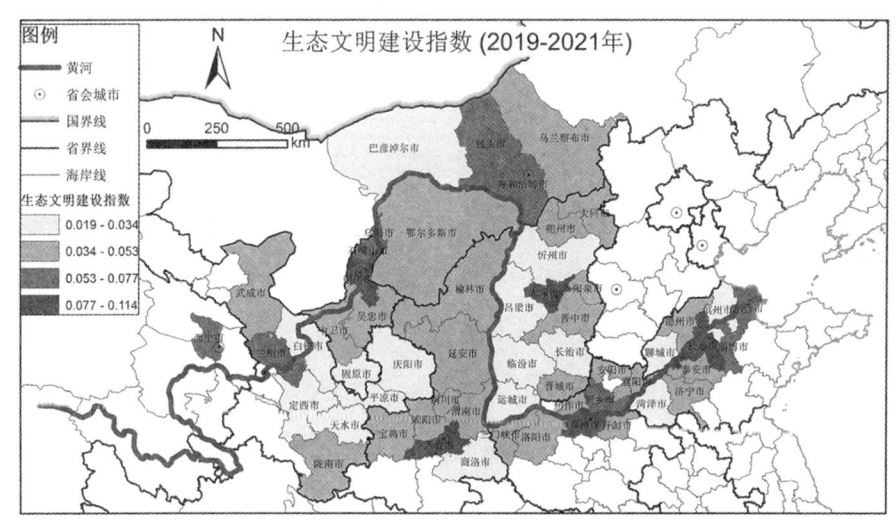

图 5-9d　黄河流域生态文明建设指数空间分布

生态环境保护指的是通过各种措施和活动,保护和改善生物多样性,维护生态平衡,防止生态退化,以及促进自然资源的可持续利用。这包括减少污染物排放、提高环境治理水平、保护和恢复生态系统、提高环境保护意识等。通过观察四个时期生态文明建设指数的变化趋势和发展进程,发现黄河流域生态文明建设状况呈现以下空间演进特征:黄河流域各城市生态文明建设差异明显，呈现东高、中西部分城市建设水平较低的空间格局，空间分布上主要以省会城市引领生态文明建设。分析四个时期57个城市生态文明建设指数的变化规律，结果显示生态文明建设发展较快的城市有济南、郑州、太原、西安等城市。从数据中可以看出，济南的生态文明建设指数从2010—2012年的0.057增长到2019—2021年的0.114，增长幅度显著。济南作为山东省的省会，其快速发展与其较强的经济实力、政策支持以及对环境保护的重视有关。作为黄河流域中心城市，济南在生态保护和高质量发展中起到了引领作用，通过加大环保投入、推动绿色产业发展、实施严格的环境监管等措施，有效提升了生态保护水平。大多数省会城市均为重要的交通枢纽，其快速发展得益于其地理位置优势、区域发展战略的实施，以及对生态环境保护的持续投入。

相对于生态文明建设取得快速发展的城市，一些城市发展缓慢。生态文明建设指数较差的城市集中在自然条件较为恶劣的地区，如干旱、半干旱区域，这些地区水资源短缺，生态环境脆弱，自然恢复能力较弱。例如，中国西北地区的城市，定西、天水、白银、庆阳等，由于地处内陆，远离海洋，降水稀少，气候干旱，生态保护和建设面临的挑战更大。经济欠发达地区的城市可能在生态保护和建设上投入较少，导致生态文明建设指数较低。这些地区可能更依赖资源开采等对环境影响较大的产业，环境保护意识和能力相对较弱，例如忻州、吕梁、临汾、运城等。重工业比重较大的城市，如煤炭、化工等产业集中的城市，例如大同，可能因为工业污染严重而导致生态文明建设指数较差。大同的生态文明建设指数从2010—2012年的0.044增长到2019—2021年的0.048，增长幅度相对较小。大同作为一个以煤炭资源为主的城市，面临资源型城市转型的挑战，环境保护和治理可能受到经济发展模式和产业结构的制约。总的来看，生态文明建设指数较差的城市在空间上呈现一定的聚集性，这可能与区域自然环境的相似性和经济发展模式的共性有关。

(七) 企业发展

本研究对黄河流域 57 个城市在四个不同时期（2010—2012 年、2013—2015 年、2016—2018 年、2019—2021 年）（图 5 – 10）的企业发展指数进行了分析，识别了企业发展水平较高和较低的城市，分析了其地理空间特征。

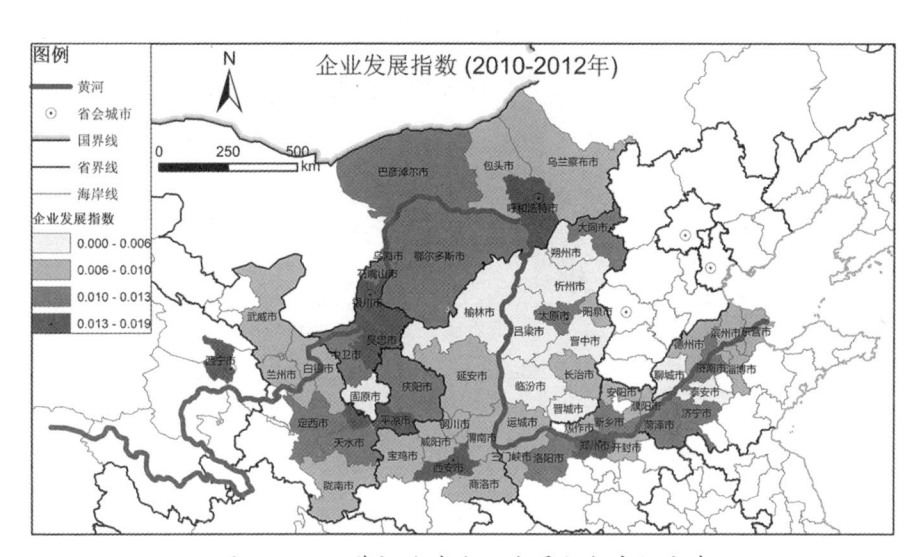

图 5 – 10a　黄河流域企业发展指数空间分布

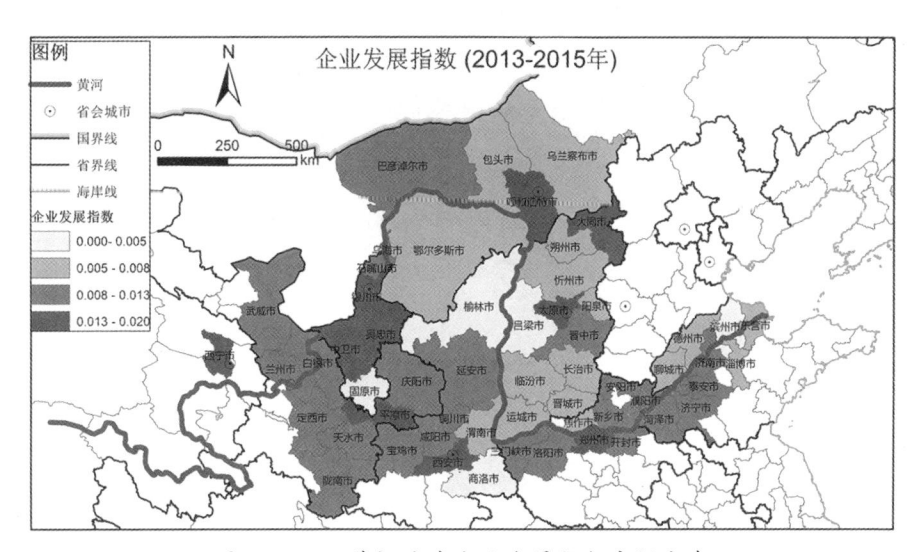

图 5 – 10b　黄河流域企业发展指数空间分布

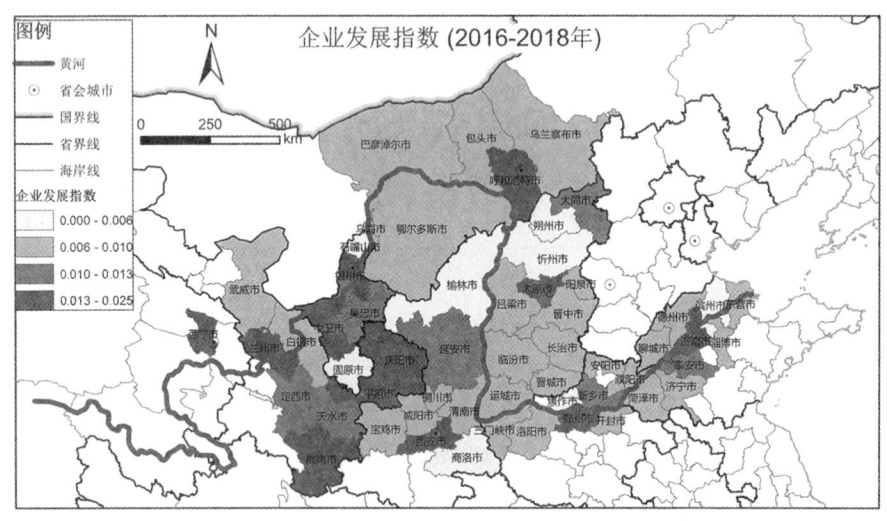

图5-10c 黄河流域企业发展指数空间分布

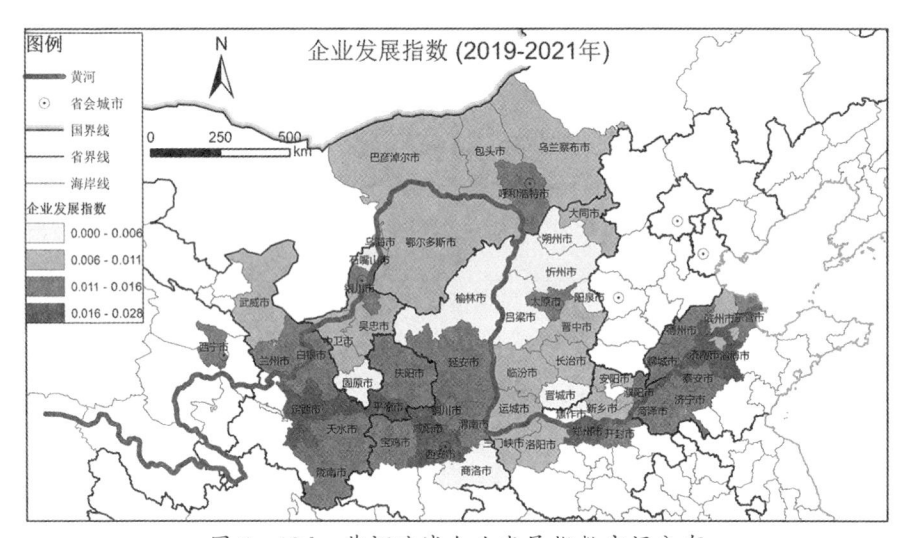

图5-10d 黄河流域企业发展指数空间分布

企业发展通常指的是企业在一定时期内的增长和扩张，包括新企业创立、现有企业扩张、市场份额增加、产品创新、利润增长等方面。企业发展指数是衡量一个城市或地区企业活力和发展潜力的重要指标，它反映了该地区经济的活跃程度和市场环境的成熟度。通过观察四个时期企业发展指数的变化趋势和发展进程，发现黄河流域企业发展状况呈现以下空间演进特征：山东半岛城市群为企业发展高聚集区，其次是关中平原城市群，从原来单点城市发力向城市群协同发展的方向转变。对四个时期的城市企业发展指数进行分析，结果显示企业发展水平较快的城市往往位于交通便利、经济发达的区域。例如，济南和郑州作为各自省份的省会，拥有较强的经济实力和区域影响力，同时也是重要的交通枢纽，有利于吸引投资和人才，促进企业的发展。济南的企业发展指数从2010—2012年的0.0109增长到2019—2021年的0.0210，增长显著。济南作为山东省的省会，拥有较强的经济基础和政策支持，近些年通过提供税收优惠、进行产业扶持、发布科技创新支持政策，促进了企业的发展和创新。

企业发展指数较差的城市具有以下特征。一是资源依赖性。一些城市（例如大同、朔州）过度依赖资源型产业，如煤炭、矿产等，这些产业往往面临资源枯竭和环境治理的压力，限制了城市的可持续发展和企业的成长。二是地理位置劣势。位于偏远地区或交通不便的城市（例如固原、天水、榆林），可能在吸引投资和人才方面存在劣势，这会影响企业的创新能力和市场竞争力。三是产业结构单一。产业结构单一的城市（例如武威、陇南），特别是那些以传统制造业或农业为主的城市，可能在经济发展新常态下面临较大的转型压力。四是环境和生态压力。生态环境脆弱区域的城市，如黄土高原地区，可能需要在发展经济的同时投入更多资源进行生态保护和修复，这对企业发展构成了额外的挑战。较为典型的城市如大同和阳泉，其企业发展指数从2010—2012年的0.0124下降到2019—2021年的0.0103，呈现出下降趋势。大同作为一个传统的煤炭工业城市，可能面临产业结构单一、资源依赖度高等问题，这限制了企业多样性的发展和经济的转型升级。阳泉的企业发展指数从2010—2012年的0.0072下降到2019—2021年的0.0051，同样呈现下降趋势。阳泉作为资源型城市，可能受到资源枯竭和环境保护政策的影响，导致传统产业衰退，而新兴产业的发展尚未形成规模，影响了整体的企业活力。

总结来说，企业发展指数的增长与城市的地理位置、经济基础、产业结构、政策环境等因素密切相关。发展较快的城市通常具有较好的基础设施、多元化的产业结构和创新能力，而发展较慢的城市可能受限于资源依赖、产业结构单一等问题。为了促进区域协调发展，需要针对不同城市的实际情况，制定相应的产业政策和创新战略，推动产业结构的优化升级，增强城市的经济韧性和发展潜力。

第六章
黄河流域生态保护和高质量发展耦合分析

第一节　生态保护和高质量发展耦合测算方法

　　近些年，针对黄河流域生态保护和高质量发展的研究开始关注其耦合协调关系，如王嘉嘉等（2024）研究了沿黄城市生态保护和高质量发展的耦合协调动态演变情况，发现耦合协调度稳中有升，但尚有部分城市处于失调状态[①]。何苗等（2024）探讨了黄河流域生态保护和高质量发展的协同推进机制，强调了协同学理论在流域一体化发展模式中的应用[②]。潘桔

---

　　① 王嘉嘉,张轲. 沿黄城市生态保护与高质量发展耦合协调时空演变分析［J］. 人民黄河,2024,46（02）：16－20＋28.
　　② 何苗,任保平. 黄河流域生态保护与高质量发展耦合协调的协同推进机制［J］. 经济与管理评论,2024,40（01）：15－29.

等（2023）基于空间计量方法研究黄河流域城市群生态保护与经济高质量发展的耦合协调性，发现耦合协调度存在空间相关性[1]。许静等（2023）通过耦合 GMOP 与 FLUS 模型，评估了黄河流域甘肃段生态风险变化趋势及生态保护和高质量发展的耦合协调性[2]。任保平等（2023）讨论了黄河流域高质量发展与生态保护耦合协调的现代化治理体系[3]。吴佳宝等（2023）以青海省海南州为例，进行了生态保护与区域高质量发展的耦合研究[4]。

制约黄河流域生态保护与经济发展耦合程度的因素很多，比如地理区位、资源禀赋、政策扶持、环境规制强度等。也有研究从影响因素的角度，对黄河流域生态保护与经济发展的耦合关系展开。周文慧等（2023）分析了黄河流域数字基础设施、经济发展韧性与生态环境保护的耦合协调发展，指出数字基础设施对提升耦合协调性的作用[5]。朱从谋等（2023）通过耦合 MOP - FLUS 模型的杭州市土地利用格局优化及权衡分析，研究了土地利用规划对生态保护与经济发展耦合协调性的影响[6]。冯国俊等（2023）利用系统动力学方法建立草海"社会—经济—湿地"耦合系统，分

---

[1] 潘桔. 黄河流域城市群高质量发展与生态保护的耦合协调性研究 [J]. 统计与决策, 2023, 39（24）: 113 - 117.

[2] 许静, 廖星凯, 甘崎旭, 等. 耦合 GMOP 与 FLUS 模型的黄河流域甘肃段生态风险评估与预测 [J/OL]. 生态学杂志, 2024（5）: 1498 - 1508.

[3] 任保平, 李培伟. 黄河流域高质量发展与生态保护耦合协调的现代化治理体系 [J]. 人民黄河, 2023, 45（09）: 4 - 11.

[4] 吴佳宝, 羊中太, 雪蒙. 三江源生态保护与区域高质量发展的耦合研究——以青海省海南州为例 [J]. 漯河职业技术学院学报, 2023, 22（04）: 12 - 17.

[5] 周文慧, 钞小静. 黄河流域数字基础设施、经济发展韧性与生态环境保护的耦合协调发展分析——基于三元系统耦合协调模型 [J]. 干旱区资源与环境, 2023, 37（09）: 1 - 9.

[6] 朱从谋, 苑韶峰, 杨丽霞. 耦合 MOP 与 FLUS 模型的杭州市土地利用格局优化及权衡分析 [J]. 农业工程学报, 2023, 39（16）: 235 - 244.

析了社会经济活动对湿地保护与区域发展的耦合协调性的影响[①]。

由于黄河流域生态保护与经济发展之间的关系错综复杂,客观地评价两者之间的耦合关系十分关键。在评价方法方面,丁瑞杰等(2023)利用熵值法测度各项指标权重的综合评价指数,并采用耦合协调度模型分析了黄河流域生态环境保护系统和经济高质量发展系统的耦合协调水平[②]。袁程程等(2023)构建了山东省黄河流域土地利用变化特征及其效应的评价指标体系,并运用耦合协调度模型来分析生态保护与农业高质量发展的耦合协调关系[③]。李明鸿等(2023)采用熵值法、耦合模型和空间计量模型,研究了淮河生态经济带新型城镇化、经济发展与水环境的耦合协调关系及驱动因素[④]。陈景华等(2023)通过QAP回归检验黄河流域生态保护与经济高质量发展的交互影响,并探讨了两大系统间的耦合协调发展的空间分异及演变趋势。丁丽君等(2023)使用非期望产出的超效率SBM模型对资源型城市的土地利用效率进行测度,并结合土地生态安全的评价指标体系,分析了土地利用效率与土地生态安全的耦合协调度[⑤]。赵芮等(2023)运用耦合协调度模型分析山东省农业经济和生态环境的耦合协调发展水平,并使用地理探测器模型探测影响耦合协调发展的空间分

[①] 冯国俊,苏印,袁玉霄. 贵州草海"社会–经济–湿地"耦合系统综合模拟研究[J]. 绿色科技,2023,25(14):59-64.

[②] 丁瑞杰. 黄河流域生态环境保护与经济高质量发展的耦合协调研究[D]. 兰州:兰州财经大学,2023.

[③] 袁程程. 山东省黄河流域生态环境与农业高质量发展的耦合协调研究[D]. 济南:山东建筑大学,2023.

[④] 李明鸿,卢辞. 淮河生态经济带新型城镇化、经济发展与水生态环境耦合协调关系及其驱动因素[J]. 水土保持通报,2023,43(06):282-293.

[⑤] 丁丽君. 黄河流域资源型城市土地利用效率与土地生态安全的耦合协调研究[D]. 济南:山东财经大学,2023.

异性①。

综合来看,近些年有关黄河流域生态保护与经济发展的文献主要集中在如何科学合理地判断其发展过程及相应关系,涉及评价方法、影响因素分析、区域差异性、政策建议等多个方面。这些相关研究共同构成了对黄河流域生态保护与经济发展耦合协调性分析的全面视角,为理解和解决该流域面临的生态与经济挑战提供了丰富的理论和实证支持。本章在上一章建立的黄河流域生态保护和高质量发展指标体系的基础上,进一步细化了高质量发展的内涵,将其划分为生态文明建设和其他高质量发展两个关键部分。为了深入分析这些指标在黄河流域57个城市的具体表现,本章采用了耦合分析方法,从时间和空间两个维度对这些城市进行了综合评价。通过时间序列分析,本章揭示了黄河流域生态保护和高质量发展的历史演变趋势,识别了生态保护意识的提升和高质量发展实践的进步。空间分布分析则展示了沿黄各城市在生态文明建设和高质量发展方面的地理差异,揭示了不同区域的发展特点和优先级。在此基础上,本章进一步识别了高效耦合的热点区域,这些区域在生态保护和高质量发展方面取得了显著成效,也进一步识别了低效耦合的冷点区域。最后,本章提出了一系列针对性的对策建议,旨在促进黄河流域整体的高质量发展。

---

① 赵芮. 山东省农业经济和农业生态环境耦合协调发展及其影响因素研究[D]. 咸阳:西北农林科技大学,2023.

第二节 黄河流域生态保护和高质量发展的耦合协调度

一、生态保护和高质量发展耦合协调度计算方法

生态文明建设水平本身作为高质量发展的一部分,是高质量发展的关键一维,各城市生态文明建设是生态保护的重要结晶。黄河流域各城市的生态保护和高质量发展的关系是生态文明建设指数和减去生态文明建设指数后的高质量发展指数之间的耦合水平。因此,本节采用耦合协调度评估黄河流域生态保护和高质量发展这两个子系统之间相互作用和协同发展的水平。

通过耦合协调度模型,我们可以评估不同子系统的发展水平,以及它们之间的相互作用是否促进了整体的协调发展。模型结果可以为政策制定者提供决策支持,帮助识别系统中的薄弱环节,制定相应的策略以优化资源配置和提高系统效率。耦合协调度模型可以揭示系统内部的不平衡因素,为系统优化和调整提供依据,推动系统的可持续发展。该模型广泛应用于经济、社会、环境等多个领域,如城市化与生态环境的耦合协调、区域经济发展与资源利用的耦合协调、高校科技成果转化与高技术产业发展的耦合协调等。耦合协调度的研究方法有助于识别和分析系统中的关键因素,为决策提供科学依据。另外,耦合协调度模型虽然提供了一个量化分析的框架,但在实际应用中可能存在指标选择的主观性、数据来源的偏差、模型假设的简化等问题,这就对数据来源的可靠性和指标选取的科学

性提出了要求。本章采用上一章中高质量发展指数以及其下的生态文明建设指数，通过上一章的计算结果和分析验证，这些指数具有较强的科学性，可以支撑本章的耦合分析研究。

耦合协调度模型涉及3个指标值的计算，分别是耦合度 C 值、协调指数 T 值、耦合协调度 D 值。耦合度是用来描述两个或多个系统之间相互作用的程度。它反映了系统间的相互依赖和制约关系。耦合度的值通常介于0到1之间，值越接近1，表示系统间的耦合程度越高，相互作用越强；值越接近0，表示系统间耦合程度低，相互作用弱或不存在。协调度是用来衡量耦合系统之间的协同发展水平，即系统间是否能够和谐发展，共同进步。协调度同样介于0到1之间，值越高，表示系统间的协调发展水平越好，反之则越差。耦合协调度的计算结果介于0到1之间，值越大说明产业的耦合协调性越强，表示系统之间的耦合关系和协调发展水平越好。它们的计算公式分别如下：

①对所有数据进行极差标准化处理，详细公式见前文。

②耦合度 C 值的计算公式如下：

$$C = 2\left[\frac{U_1 \cdot U_2}{(U_1 + U_2)^2}\right]^{\frac{1}{2}}$$

式中 U_1，U_2 分别代表生态文明建设指数、减去生态文明建设指数后的高质量发展指数。

③协调指数 T 值的计算公式如下：

$$T = \beta_1 U_1 + \beta_2 U_2$$

式中：β_1，β_2，β_3 等代表生态文明建设指数、减去生态文明建设指数后的高质量发展指数的权重，这里我们认为两者同等重要，即其权重均为1/2。

④耦合协调度 D 值的计算公式如下：

$$D = \sqrt{C \cdot T}$$

具体耦合协调度 D 值用于耦合协调等级及划分标准参照权威文献如表 6-1 所示。

表 6-1 耦合协调度等级划分标准

耦合协调度 D 值区间	协调等级	耦合协调程度
[0.0~0.1)	1	极度失调
[0.1~0.2)	2	严重失调
[0.2~0.3)	3	中度失调
[0.3~0.4)	4	轻度失调
[0.4~0.5)	5	濒临失调
[0.5~0.6)	6	勉强协调
[0.6~0.7)	7	初级协调
[0.7~0.8)	8	中级协调
[0.8~0.9)	9	良好协调
[0.9~1.0]	10	优质协调

二、黄河流域生态保护和高质量发展耦合协调度时空分布特征分析

根据生态保护和高质量发展耦合协调度的计算结果，采用空间分析软件，我们得到了黄河流域生态保护和高质量发展耦合协调度四个时期的空间分布图。研究对黄河流域 57 个城市在四个不同时期（2010—2012 年、2013—2015 年、2016—2018 年、2019—2021 年）（图 6-1）的生态保护和高质量发展耦合协调度指数进行了分析。研究识别了生态保护和高质量发

展耦合协调度指数的引领城市和增速较快的城市,分析了这些城市在空间分布上的特征,并针对生态保护和高质量发展耦合协调度指数较强的几个城市,深入探讨其变化特点和发展原因,最后分析了生态保护和高质量发展耦合协调度偏弱的城市的特征和可能原因。

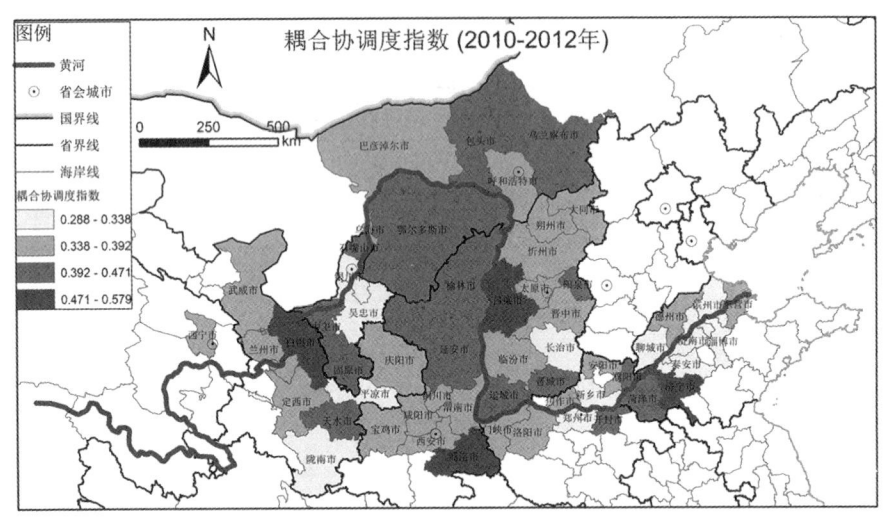

图6-1a 黄河流域生态保护和高质量发展耦合指数时空分布图

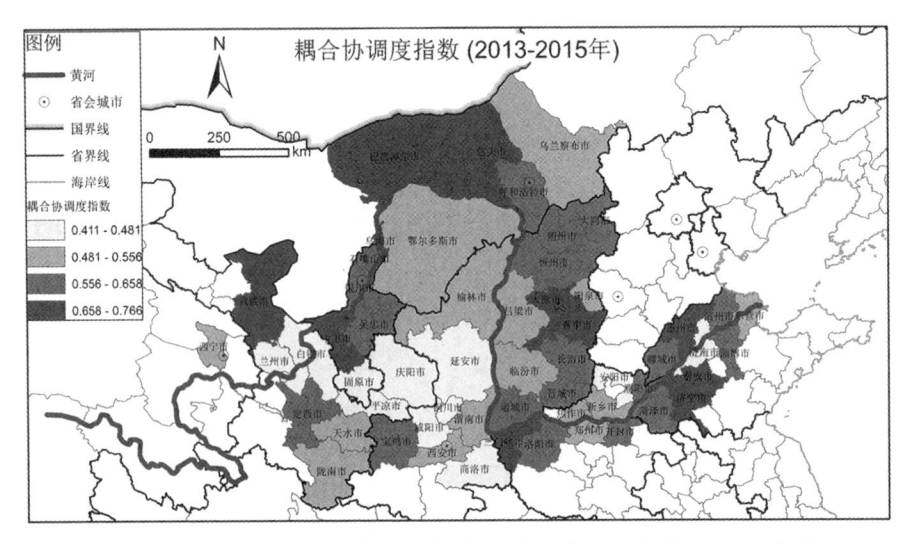

图6-1b 黄河流域生态保护和高质量发展耦合指数时空分布图

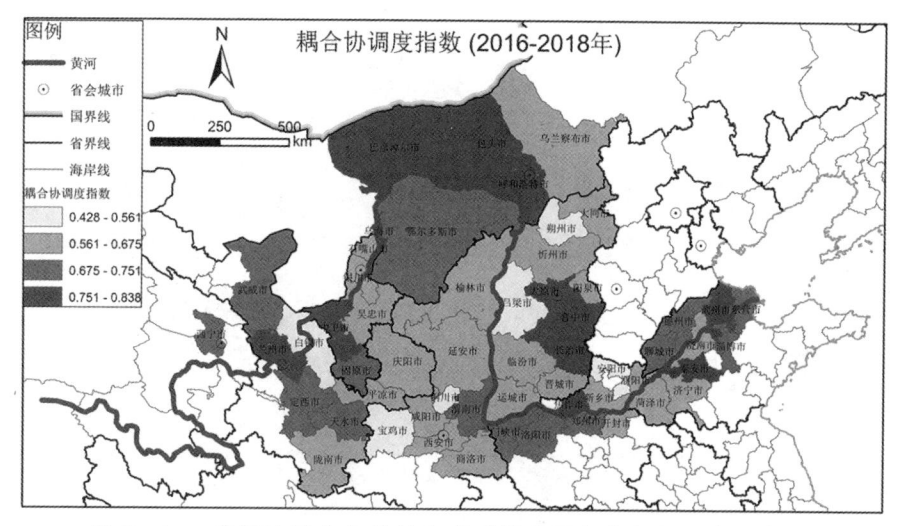

图 6-1c 黄河流域生态保护和高质量发展耦合指数时空分布图

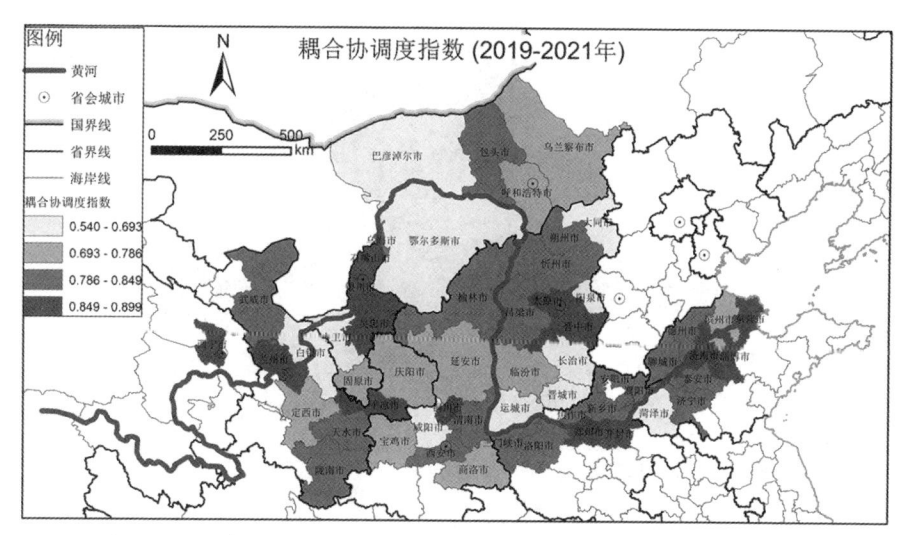

图 6-1d 黄河流域生态保护和高质量发展耦合指数时空分布图

济南生态蓝皮书（2024）

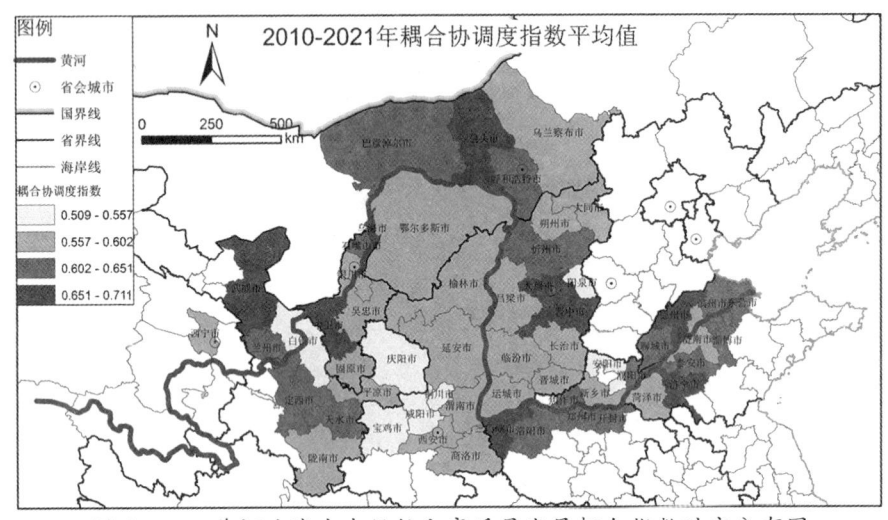

图6-1e 黄河流域生态保护和高质量发展耦合指数时空分布图

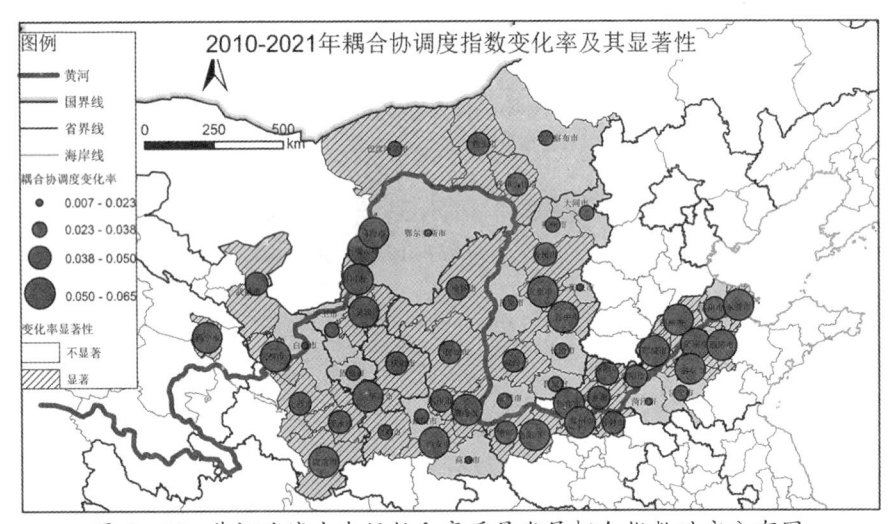

图6-1f 黄河流域生态保护和高质量发展耦合指数时空分布图

通过观察2010—2021年耦合协调度指数平均值，可以发现黄河流域的生态保护和高质量发展耦合特征呈现两端高中间低的空间分布规律，即上游和下游的生态保护和高质量发展的耦合协调度较高，而中游地区呈现明显凹陷的现象。上游以兰州、西宁为中心的城市群耦合协调度指数较高。中游虽地域广阔，但基本以呼和浩特、太原两个城市群的耦合协调度较高，周边大部分地区的耦合协调度处在较低的水平。其中以陕西西部的宝鸡、咸阳、银川，甘肃的庆阳为典型的耦合度较低的代表。下游地区生态保护和高质量发展的耦合协调度整体较高。耦合协调度多年的平均水平还显示，一些在高质量发展指数和生态文明建设指数表现突出的城市，例如西安、济南、郑州、呼和浩特、兰州等，在生态保护和高质量发展的耦合协调方面反而不是最高的。而一些在高质量发展指数和生态文明建设指数处于中游的城市，例如晋中、包头、德州、济宁、三门峡等，在生态保护和高质量发展的耦合协调方面呈现较高的水平。以上结果说明，生态保护和高质量发展之间的耦合协调和城市本身的经济体量关系不是很大。经济体量大的城市可能会受城市的发展方向、发展政策等因素的影响而在高质量发展的某个方面表现得较为突出，减去生态文明建设指数后的高质量发展指数已经达到了较高的水平，而生态文明建设程度可能由于技术原因和治理效果见效较慢的原因，暂时达不到更高的水平，因此经济体量较大的各省会城市的耦合协调度不是特别突出。反观一些中游城市，随着近几年生态文明建设的不断推动，实现了城市环境的大幅改善以及自身产业的转型升级，所以容易形成较高的耦合程度。

黄河流域各城市耦合协调度平均值反映了耦合协调的平均水平，而多年的耦合协调度的变化趋势则反映了城市生态保护和高质量发展耦合协调的潜力水平。通过对比四个时期耦合协调度的发展状况，可以得出以下特征：黄河流域整体的耦合协调水平呈现明显的上升趋势，尤以上游和下游地区上升趋势最为明显；流域内生态保护和高质量发展耦合协调程度参差不齐，省会城市的上升幅度较为明显，并逐渐成为耦合协调发展的绝对中心；局部城市呈现明显退化现象，主要以内蒙古自治区内城市和山西南部城市为主。

综合考虑生态保护和高质量发展的平均水平和发展潜力，可以得出耦合协调度水平具有优势和劣势的城市，可以从中对比得出两者的差距。耦合协调度水平具有优势的城市有济南、西安、兰州等城市。济南作为山东省的省会，在生态保护和经济高质量发展方面采取了一系列有效措施，如加强生态环境治理、推动绿色产业发展、优化产业结构等，这些措施有助于提升城市的耦合协调度。兰州作为甘肃省的省会，近年来在生态保护方面取得了显著成效，如实施黄河治理工程、加强大气污染防治等，同时，兰州也在推动经济结构调整和产业升级，这些因素共同促进了耦合协调度的提升。西安作为西北地区的科技、教育中心，拥有丰富的科研资源和人才优势，这为城市的科技创新和产业升级提供了有力支撑。同时，西安在生态保护和环境治理方面也做出了积极努力，如推进绿色建筑、发展循环经济等，这些措施有助于提高耦合协调度。耦合协调度水平存在劣势的城市有鄂尔多斯、运城、长治等城市。这些城市发展过程中普遍存在资源配置不均衡，如产业布局和结构不合理、基础设施建设滞后等，过度依赖资源消耗型或污染型产业，缺乏高技术产业、绿色产业及创新驱动产业，导致生态保护和经济发展之间的协调性不强，难以推动产业升级和经济高质量发展。另外，政府在生态保护和经济发展方面的政策支持力度不够，城市内部或周边区域发展不平衡，导致资源和环境压力集中在某些区域，缺乏有效的激励机制和约束措施，从而影响整体的耦合协调度。鄂尔多斯作为典型的资源型城市，其产业结构过度依赖于煤炭、电力和煤化工等资源能源型传统工业，这种产业结构的路径依赖程度较高，限制了经济的多元化发展。在绿色产业体系构建、清洁能源发展、绿色交通运输体系等方面发展程度较低也限制了绿色低碳的发展潜力。另外，气候干旱、生态脆弱，毛乌素沙地和库布齐沙漠占总面积的较大比例，较差的自然条件使得生态环境保护任务艰巨。

综上所述，耦合协调度发展速度快的城市通常具有较好的经济基础、政策支持、科技创新能力和基础设施建设等优势，这些因素共同推动了城市在生态保护和经济高质量发展方面的协调发展。未来，这些城市可以继续发挥自身优势，进一步优化发展策略，推动更高水平的耦合协调发展。

第七章
黄河流域生态保护和高质量发展对策建议研究

第一节 黄河流域生态保护和高质量发展的近期任务和长期形势

一、黄河流域生态环境依然脆弱

黄河流域生态环境脆弱具有极其复杂的特征,其形成与该流域独特的自然条件紧密相关。黄河流域的地势、地貌、气候等自然因素共同作用,形成了该流域生态环境的脆弱基础。黄河流域跨越多个地貌单元,包括青藏高原、内蒙古高原、黄土高原等,这些地区地形复杂,气候多样,从干旱到半湿润地区不等,特别是高原和干旱地区,降水稀少,蒸发量大,土壤结构松散，植被覆盖度低，导致生态系统自我恢复能力弱，对外界干扰的抵抗力差。

黄河流域生态环境脆弱还表现在水土流失和沙化问题上。长期高强度的农牧业活动干扰，加上自然因素如强风和水蚀的作用，导致土壤结构破坏，水土流失严重。这不仅降低了土地的生产力，还加剧了河流的泥沙淤积，影响了河流的生态健康和防洪安全。中国水利部的资料显示，黄河流域的水土流失面积占流域总面积的 60% 以上，每年流失的土壤量高达 16 亿吨。此外，黄河流域的湿地面积也在持续减少，湿地生态系统的退化对生物多样性保护和水资源的净化、调节功能产生了不利影响。

黄河流域生态环境脆弱是由其自然条件决定的，这种脆弱不仅限制了流域内经济社会发展的能力，也对区域的可持续发展构成了严峻挑战。因此，为了实现黄河流域的高质量发展，必须采取有效措施，加强生态保护和修复，合理利用和节约水资源，防治水土流失，恢复和保护湿地生态系统，从而提高流域的生态环境承载力和经济社会发展的可持续性。

二、资源环境的高负载性短时间内转型困难

黄河流域作为中国重要的经济地带，自古以来就是农业文明的发源地之一。然而，长期的高强度开发和资源利用，使得该流域的资源环境承载力面临巨大挑战。黄河流域土地资源开发历史悠久，但过度耕作和不合理的土地利用模式导致了土地退化和生产力下降。根据联合国粮食及农业组织（FAO）的数据，中国的土地退化问题严重，其中黄河流域的土壤侵蚀问题尤为突出。土壤侵蚀不仅降低了土地的肥力，还加剧了河流的泥沙淤积，影响了水资源的可持续利用。

能源和矿产资源的开发也是黄河流域资源环境高负载的重要原因。黄河流域丰富的煤炭、石油和天然气资源支撑了中国的能源供应和工业发展，但同时也带来了严重的环境问题。例如，煤炭开采导致的地面沉降、水资源污染和生态系统破坏等问题，已经成为制约黄河流域可持续发展的关键因素。黄河流域的能源开发强度大，尤其是煤炭资源的开发，对当地脆弱的生态环境造成了巨大的压力。据中国国家统计局数据，黄河流域的煤炭产量占全国的比重较高，但这种以煤炭为主的能源结构也导致了严重的大气污染问题。

黄河流域资源环境的高负载状态是由长期的高强度开发和不合理的资源利用模式共同作用的结果，短时间内完全脱离旧有的资源型发展模式还不太现实。为了实现黄河流域的可持续发展，必须采取综合性措施，包括优化土地利用结构、实施水资源合理配置和节水措施、推动能源结构的清洁转型，以及加强生态环境保护和修复工作。通过这些措施，可以有效减轻资源环境的负载，提高黄河流域的生态承载力，促进经济社会的高质量发展。

三、与"水"相关的矛盾和风险较为显著

黄河流域水资源问题一直是制约区域可持续发展的关键因素。该流域面临的水资源短缺、洪水风险以及水环境问题，构成了复杂的水安全挑战。水资源短缺问题在黄河流域表现得尤为突出。据统计，黄河流域的水资源总量约占全国的2.5%，而人均水资源量仅为全国平均水平的27%，远低于国际公认的水资源紧张线。上游地区，由于地处干旱半干旱区，降水稀少，水资源短缺问题更为严重。随着流域内城镇化和工业化的

加速，用水需求不断增长，水资源开发利用率远超生态警戒线，进一步加剧了水资源短缺的压力。例如，2018年黄河流域用水总量达到1271亿立方米，较2005年增长了9.4%，其中农业用水占比较大，达到64.19%，工业用水和生活用水也呈现出上升趋势。

洪水风险、水污染、水资源短缺并称黄河流域水环境问题的三大重要挑战。历史上，黄河因"善淤、善决、善徙"而闻名，曾有"三年两决口、百年一改道"的说法。尽管新中国成立后，通过大规模的水利工程建设，黄河治理取得了显著成效，但气候变化和极端天气事件的不确定性，导致洪水风险管理仍是流域内不可忽视的问题。水污染问题也是黄河流域面临的一大挑战。黄河流域的水质总体差于全国平均水平，农业面源污染和工业污染是主要的水环境问题来源。2021年，黄河流域农村生活污水治理率仅为25%，农业源COD（化学需氧量）和总磷排放量占比超过50%。此外，大量化工企业沿黄分布，工业固体废物和危险废物的产生量分别占全国的46.94%、41.35%，这些污染物的不当处理和排放对水环境构成了严重威胁。

黄河流域的水问题是一个多维度、多层次的复杂系统问题，需要从水资源管理、洪水风险防控、水环境治理等多个方面进行综合施策，以实现流域水资源的可持续利用和区域经济社会的协调发展。

四、发展与保护的矛盾突出

黄河流域作为中国重要的经济和生态区域，经过长期建设和发展，在经济社会发展方面取得了较大成就，基本上形成了有利于未来发展的国土空间开发结构和经济社会分布格局，但也出现了生产力布局与生态环境安全格局之间、发展规模与资源环境承载之间的矛盾。

一是矿产资源开发与生态环境保护的矛盾。黄河流域煤炭资源丰富，煤炭资源可采量和产量均居全国首位。据统计，黄河流域的煤炭基地探明储量高达2000多亿吨，是我国探明储量最大的煤炭基地。然而，煤炭开发对水资源的影响显著，黄河流域水资源开发利用率已超过80%，远超一般流域生态警戒线。按煤炭年产量28亿吨计算，开发过程所消耗的水资源超过56亿吨，若加上煤化工企业，每年增加的用水量超过100亿吨。重化工园区的建设和运营不仅消耗大量水资源，还可能产生工业废水和废气，对流域内的水质和空气质量造成严重影响。此外，开采活动还可能导致地表沉陷、地质灾害等问题，进一步加剧生态破坏。

二是城镇化与工业化的环境压力。黄河流域的城镇化和工业化快速发展，导致资源环境压力增大。黄河流域的人口和地区生产总值平均分别占全国的24.1%和26.5%。快速发展带来了大量的人口集聚和产业集中，这些变化对土地、水资源等自然资源的需求激增，超过了当地生态环境的承载能力。发展方式和模式往往未能充分考虑区域生态环境的保护要求，导致资源过度开发、生态环境破坏和生物多样性下降。

三是基本农田保护与农业生产的压力。黄河流域是国家农产品主产区，粮食和肉类产量占全国的三分之一左右。随着城镇化的推进，基本农田保护面临压力，农业生产的可持续性受到挑战。在重点城镇化地区，基本农田保护面临着城市扩张的挤压，农业生产空间受到限制。同时，农业生产方式的现代化和集约化虽然提高了产量，但也导致土壤退化、化肥农药过量使用等问题，影响农产品的质量和生态环境的健康。

四是贫困地区发展与保护的矛盾。黄河流域集中了中国多个贫困地区，这些地区在追求经济发展的同时，也面临着生态环境保护的压力。例如，黄河上游的青海区域生态环境脆弱，煤炭资源少且赋存条件差，需要在保障企业转型发展条件下，逐步让煤企退出。贫困地区往往依赖资源开发来带动经济增长，但这种发展模式可能加剧生态退化，导致资源枯竭和环境恶化，从而形成恶性循环。如何在保护生态环境的前提下实现可持续的经济社会发展，是这些地区面临的重要挑战。

黄河流域的发展与保护矛盾突出，需要通过科学规划、合理布局、技术创新和政策引导等多方面的努力来解决，以实现经济发展与生态环境保护的协调统一。

五、高质量发展空间制约现象明显

黄河流域形成了上游、中游、下游三级阶梯，具有不同的经济发展水平和生态环境特征。上游地区生态好但发展落后，中游地区能源资源丰富但生态脆弱，下游地区农业发达但水资源缺乏。黄河流域的空间开发失调和开发强度过度问题日益凸显，严重影响了区域的协调发展和整体经济的进步，具体体现在以下几个方面。

一是空间开发失衡。黄河流域的空间开发存在明显的失调现象，农业空间、工业空间和生态空间的布局缺乏整体规划和协调。由于缺乏有效的区域间沟通和合作，各地往往根据自身需求进行分散开发，导致资源配置效率低下，生态环境承受压力加大。例如，农业扩张侵占了部分生态保护区，工业发展又过度消耗了水资源，这些无序开发加剧了区域发展的不平衡。黄河流域的耕地资源普遍面临压力，例如，2018年黄河流域耕地面积占全国的30%，而粮食产量占全国的33%，这表明农业生产对土地的依赖程度较高，但水资源的短缺限制了农业的可持续发展。

二是串联东西南北的交通设施不足引发空间经济增长不协调。黄河流域的交通基础设施相对落后，缺乏强有力的增长极来带动整个流域的经济发展。与长江流域和沿海经济发达地区相比，黄河流域缺少能够有效连接区域内外、促进资源要素流动的交通主干线。这限制了区域内部的经济互动，也影响了外部投资和技术的引入。《中国交通运输统计年鉴》显示，截至2019年，黄河流域的高速公路密度为0.52公里/百平方公里，而长江流域为0.73公里/百平方公里，沿海地区则高达1.2公里/百平方公里。此外，黄河流域内高铁线路的覆盖率和密度也远低于长江流域和沿海地区，这限制了区域内外的快速交通联系。尽管黄河流域部分地区已经开始规划和建设高铁等现代化交通设施，但整体进展缓慢，与国家其他地区相比仍有较大差距。城市群和都市圈的交通网络也不够完善，这不仅影响了区域内的互联互通，也制约了文化旅游等产业的发展，限制了产业资源优势的充分发挥。

三是资源要素流动成本较高。由于交通基础设施不足，黄河流域的资源要素流动成本相对较高。这不仅影响了区域内外的产业合作和市场拓展，也增加了企业的运营成本，降低了区域经济的竞争力。根据《中国物流年鉴》数据，2019年黄河流域的物流总费用占GDP的比例为15.2%，而全国平均水平为14.6%，表明黄河流域的物流成本较高，这与区域内交通基础设施的不足有直接关系。

四是文化旅游产业发展受限。黄河流域拥有丰富的文化旅游资源，但由于交通等基础设施的限制，这些资源的潜力未能得到充分发挥。区域间的文化旅游合作不足，缺乏有效的旅游产品开发和市场推广，导致旅游经济的潜力未能充分释放。根据文化和旅游部的统计，2019年黄河流域的旅游收入仅占全国旅游总收入的22.5%，低于其人口和经济规模所占的比重，说明文化旅游产业的潜力尚未得到充分挖掘。

解决这些问题，需要从国家层面到地方政府加强合作，制定统一的区域发展规划，优化空间布局，提升交通基础设施建设，降低资源要素流动成本，促进区域经济的协调发展。同时，通过加强文化旅游产业的合作和推广，发挥黄河流域的文化资源优势，推动经济的多元化发展。

六、产业发展制约因素明显

黄河流域的产业发展面临多方面的制约因素，这些因素共同作用于区域经济的转型升级和可持续发展，具体体现在以下几个方面。

一是传统产业结构的局限性。黄河流域的经济系统以传统产业为主，如煤炭、化工、冶金等重工业，这些产业往往伴随着高能耗、高污染和低附加值的问题。在当前全球经济结构调整和绿色发展理念的推动下，这些传统产业的发展模式已难以为继，迫切需要转型升级。然而，由于缺乏足够的技术创新和市场导向，产业升级改造的动力不足，导致产业结构调整缓慢。根据国家统计局数据，2019年黄河流域的传统产业，如煤炭开采和洗选业、石油和天然气开采业、黑色金属冶炼及压延加工业等，占全流域工业总产值的比重高达40%以上。这些行业的高比重反映了黄河流域经济对传统产业的依赖程度。

二是新兴产业和业态发展较为滞后。与东部沿海地区相比，黄河流域在新兴产业和新业态的发展上存在明显差距。例如，高新技术产业、现代服务业、电子商务等领域的发展较为缓慢，缺乏创新驱动和市场活力。在新兴产业方面，中国高技术产业发展报告显示，2019年黄河流域高技术产业增加值占地区生产总值的比重为6.5%，而同期全国平均水平为15.1%。这一差距表明，黄河流域在新兴产业发展上存在明显不足。这不仅影响了经济的多元化发展，也限制了区域经济对外部变化的适应能力和抗风险能力。

三是高素质劳动力短缺。高素质劳动力是推动产业升级和经济发展的关键因素。黄河流域在人才培养和吸引方面存在不足，高等教育资源和科研机构相对集中于大城市，中小城市和农村地区相对匮乏。根据教育部的统计，2019年黄河流域高等教育毛入学率为48.1%，低于全国平均水平的51.6%。此外，根据人力资源和社会保障部的数据，黄河流域专业技术人才占劳动力总量的比例为5.2%，低于全国平均水平的6.8%。这些数据显示了黄河流域在高素质劳动力队伍建设上的短板。此外，由于经济发展水平和生活条件的差异，黄河流域面临着人才流失的问题，尤其是高技能和高学历人才更倾向于向经济更发达的地区流动。

四是产业关联与分工不充分。产业关联和分工是提高产业链效率和区域经济一体化水平的重要因素。黄河流域内部各地区之间在产业分工和协作上的不足，导致了资源配置的不合理和产业集群效应的弱化。《中国工业经济统计年鉴》数据显示，黄河流域内部省际产业关联度指数为0.35（全国平均水平为0.45），表明区域内产业间的关联性和协同性较弱。此外，黄河流域的产业集中度指数（CR4）在一些关键产业中低于全国平均水平，反映了产业集群效应的不足。缺乏有效的区域合作机制和政策引导，使得产业链条上的企业难以形成紧密的合作关系，影响了产业的整体竞争力。

为了克服这些制约因素，黄河流域需要采取一系列措施，包括但不限于：加大对新兴产业的支持力度，推动产业结构优化升级；加强人才培养和引进，提升劳动力素质；促进区域间的产业协作和分工，构建高效的产业链和供应链；通过政策引导和市场机制，激发企业的创新活力和转型动力。通过这些综合措施，黄河流域可以逐步实现产业现代化和经济高质量发展。

第二节 黄河流域生态保护和高质量发展的战略思路和推进逻辑

一、战略理念：由工业文明向生态文明过渡

工业文明和生态文明是两种不同的社会发展阶段和理念，由工业文明转向生态文明是人类社会进步发展的一大标志。由工业文明向生态文明的过渡是黄河流域未来发展的重要战略理念。

工业文明是在工业化进程中形成的一种社会文明形态，其核心理念是通过大规模的工业化生产来提高生产效率，创造巨大的物质财富，推动经济增长和社会进步。工业文明强调科技进步、市场竞争、效率优先和资源的开发利用。这一文明形态在18世纪的工业革命后迅速发展，带来了前

所未有的生产力提升和社会变革，但同时也导致了资源的过度消耗和环境问题的加剧。从生态与经济的关系来说，其实质就是环境库兹涅茨"倒U型"曲线所体现的"先污染后治理"模式。而生态文明是在对工业文明进行反思和批判的基础上提出的，它强调人与自然的和谐共生，倡导绿色、可持续的发展方式。生态文明将生态要素作为最重要的生产要素之一，将生态成本纳入整个经济系统之中，以最终产出生态产品或者有利于生态环境的产品为目标。生态文明的核心理念是尊重自然、保护生态环境，实现经济社会发展与自然环境的平衡。提倡节约资源、循环利用、低碳生活，强调绿色发展、循环发展、可持续发展，旨在建设一个生态文明的现代化社会。

工业文明和生态文明之间存在着一定的矛盾和冲突，但也可以相互补充和融合。工业文明的发展往往伴随着对自然资源的大量消耗和环境的破坏，而生态文明的理念则要求我们在发展经济的同时，保护生态环境，实现可持续发展。随着环境问题日益严峻，在工业文明的基础上发展生态文明，即在保持经济增长的同时，通过技术创新、制度变革和文化引导等方式，减少对环境的负面影响，实现经济、社会和环境的协调发展。生态文明对于黄河流域的重要意义在于它提供了一种全新的发展视角和路径，不仅关注经济增长，更重视生态环境的保护和恢复，以及社会经济结构的优化和可持续发展，这对于黄河流域的长期稳定和繁荣具有深远影响。

二、战略思路：大保护与大治理协同推进

高质量发展是经济的总量与规模增长到一定阶段后经济结构优化、新旧动能转换、经济社会协同发展、人民生活水平显著提高的结果。高质量

发展是指能够更好地满足人民日益增长的真实需要的经济发展方式、结构和动力状态。它强调经济发展的本真性质，即追求一定经济质态条件下的更高质量目标。随着国家经济发展形势的变化，高质量发展的内涵也在不断地发生变化，以适应社会发展的大方向。当今高质量发展的内涵包括经济发展的高质量、改革开放的高质量、城乡建设的高质量、生态环境的高质量以及人民生活水平的高质量。由于黄河流域区域的特殊性、发展过程的复杂性，国家提出黄河流域的高质量发展要"共同抓好大保护，协同推进大治理"的新要求，这也是黄河流域生态保护和高质量发展的战略思路和目标。这一战略思路，同时考量了生态保护与经济质量提升，以完成协同发展的目标，我们可以从两方面进行理解。

（一）共同抓好大保护

针对黄河流域高质量发展这一重要命题，我们必须深刻认识到，黄河流域的生态保护不仅是一个环境问题，更是一个关乎经济可持续发展和社会稳定的重要议题。黄河作为中国的母亲河，其流域生态安全直接关系到亿万人民的福祉和国家的长远利益。因此，在推动黄河流域高质量发展的过程中，我们必须将生态保护置于首位，确保黄河的生态安全和水资源的可持续利用。黄河流域的生态保护需要我们坚持系统治理、科学治理的原则。黄河流域的高质量发展是一个系统工程，需要各级政府、企业和社会各界的共同努力。政府应发挥主导作用，加强顶层设计，制定科学合理的政策措施，引导和激励社会各界参与到黄河流域的生态保护中来。同时，要加强跨区域合作，形成合力，共同应对黄河流域面临的生态环境挑战，实现黄河流域的绿色发展、循环发展和低碳发展。

立足于黄河流域的发展现状，我们必须坚定不移地贯彻生态优先、保护为先的发展理念。这意味着在任何发展活动中，生态环境的保护都应当被视为最根本的前提。黄河流域的水土资源分布具有明显的空间差异性，这就要求我们在开发利用水资源时，必须遵循"以水定需、量水而行"的原则，科学合理地规划水资源的使用，确保水资源的可持续利用。在实施具体策略时，因地制宜、分类施策是关键。针对黄河流域上下游、干支流、左右岸的不同特点，需要从整体和系统的角度出发，统筹考虑各地区的自然条件、经济社会发展水平和生态环境承载能力，制定差异化的发展策略。例如，上游地区应重点加强水源涵养和湿地保护，中游地区则需着重治理水土流失，下游地区则要注重河口湿地的恢复和保护。

生态保护不仅是黄河流域治理的基础，也是推动经济发展的重要前提。因此，我们应当全面加强黄河流域的生态保护工作，构建一个山水林田湖草沙生态空间一体化的保护新格局。这包括但不限于上游三江源头地区的"中华水塔"保护、重要水源涵养区的修复，以及中下游地区的水土保持和生态宜居环境的建设。在推进生态修复的同时，我们还需坚持流域的污染防治工作，通过综合治理，逐步形成稳固的生态安全格局。这不仅能够改善黄河流域的生态环境，还能够为当地居民提供更加健康、宜居的生活环境，同时也为黄河流域的高质量发展奠定坚实的基础。

（二）协同推进大治理

生态环境保护和黄河流域高质量发展的系统性，要求我们在推进大保护的同时，也必须协同推进大治理。在这一过程中，系统性、整体性与协同性是实现黄河流域高质量发展的关键要素。

生态环境保护和黄河流域高质量发展的系统性强调，在规划和实施黄河流域高质量发展时，必须考虑到自然系统、经济系统和社会系统之间的相互关系和影响。这意味着，我们不能孤立地看待任何一个系统，而应当从全局出发，确保三个系统之间能够实现和谐共生。例如，在推动经济发展的同时，我们必须考虑到对自然资源的开发利用不能超过其再生能力，以避免对自然系统造成不可逆的损害，进而影响到经济和社会系统的稳定发展。通过系统性的思考和规划，我们可以确保黄河流域的高质量发展既符合生态保护的要求，又能促进经济社会的持续进步。

整体性强调的是黄河流域高质量发展的整体规划和布局。这要求在制定流域发展策略时，不能仅仅关注局部或者短期的问题，而应当从全流域的角度出发，综合考虑产业发展、流域治理、社会发展等多个方面的因素。黄河流域的高质量发展应当是一个有机整体，其中每一个要素都是相互联系、相互影响的。因此，需要在整体规划的基础上，协调推进流域治理、产业发展和社会进步，确保黄河流域的各个部分都能够协同发展，共同构建一个生态、经济、社会三者协调统一的发展格局。

协同性要求黄河流域内的各个省区、市县之间在生态环境治理和高质量发展方面进行有效的合作与协调。流域内的9个省区、329个市县应当根据自身的比较优势，分工合作，共同推进流域的生态环境治理和经济社会发展。这种协同性不仅体现在政策制定和实施上，还体现在资源共享、信息交流、技术合作等多个层面。通过这种跨区域的合作，可以更有效地整合资源，提高治理效率，实现黄河流域的整体高质量发展。

黄河流域高质量发展是一个复杂的系统工程，需要在坚持大保护的前提下，协同推进大治理，确保系统性、整体性与协同性的有机结合。通过这样的方式，可以实现黄河流域的生态保护与经济社会发展的双赢，为构建美丽中国贡献力量。

三、战略机制和模式:从区域管理转向流域治理

推进黄河流域生态保护和高质量发展需要充分考虑社会、经济、生态这一复杂系统的每一环节,因此要建立与流域相匹配的战略机制和模式。黄河流域的发展具有系统性、整体性与协同性,所以推进黄河流域高质量发展不能仅仅局限于一地一组织一制度的管理模式,要推进多地多组织和统一制度的协同治理。在大保护与大治理过程中,应着重强调从区域到流域的由点到面的广度延伸,强调从政府管理到政府、民众和市场治理的上下层级的纵向扩展。

(一)由区域到流域的战略机制

为了有效推进黄河流域的生态保护和高质量发展,必须改革现有的管理机制,由传统的以行政区划为核心的管理模式转变为以流域为核心的管理模式。黄河流域的生态资源,尤其是水资源,具有公共物品的特性,包括非排他性、非竞争性和不可分割性,这容易导致资源的过度利用和环境问题,如"公地悲剧"和负外部性。

当前,我国黄河流域的资源管理体制是一种区域管理与流域管理相结合的模式,但实际上仍以区域管理为主。这种管理模式在水资源管理和水环境治理方面存在诸多挑战,尤其是在上下游和跨省区间的协调上,缺乏有效的统筹和合作机制,导致管理碎片化和权利义务的分散。为了解决这些问题,黄河流域需要建立一个新的管理机制,该机制应以自然流域为基本单元,实现对水资源利用和水环境保护的统一管理。这样的流域管理机构将代表整个流域的利益,具有中立性和公益性,能够有效协调流域内的水资源和水环境问题。

国际上的流域管理经验表明，通过流域管理可以有效改善水环境质量，如英国的泰晤士河、欧洲的莱茵河、美国的田纳西河和查尔斯河流域管理等。因此，我国在黄河流域生态保护和高质量发展战略中，应当借鉴国际经验，处理好中央与地方的关系，以及流域与区域的关系，建立具有整体性和统一性的管理体制，实现从区域管理向流域管理的平稳转型。这将有助于提升黄河流域的生态治理效率，促进区域经济社会的协调发展，最终实现黄河流域的可持续发展目标。

（二）由科层管理到网络治理的战略模式

黄河流域的高质量发展需要构建一个高效的空间治理体系，这需要从传统的政府主导的科层治理模式转变为更加灵活和多元的网络治理模式。在科层治理模式中，政府既是生态服务的提供者，也是直接的生产者，而企业和社会公众在这一模式下参与意识和责任意识相对较弱，导致协作和沟通不畅。

为了提升治理效率，我们需要在治理结构中综合考虑政府、市场和公众的角色。政府应当发挥引导和监管作用，市场机制应当在资源配置中发挥决定性作用，而公众参与则是提升治理质量和透明度的关键。黄河流域的水生态系统具有流动性和开放性，覆盖广泛的国土空间，这使得治理工作面临复杂的挑战。传统的科层治理和市场机制难以独立应对这些挑战，而基于组织间协作的网络治理模式则能够通过增强各方的合作和沟通，减少机会主义行为，提高治理效率。

网络治理模式强调治理主体的多元化，不仅包括政府，还涵盖市场、社会组织和公民等。这种模式鼓励正式和非正式制度的结合，通过多样化的合作方式，推动互信合作，减少冲突，实现激励相容。网络治理能够优化政府与市场的关系,解决职能错位问题,确保所有治理主体都有动力参与环境治理,降低信息不对称和委托、代理成本。

网络治理模式是黄河流域高质量发展中空间治理模式的优选。这种模式能够整合各方力量,提高治理效率,实现黄河流域的可持续管理和保护。通过这种模式,我们能够更好地应对生态保护和经济发展的双重挑战,为黄河流域的未来发展奠定坚实的基础。

第三节　黄河流域生态保护和高质量发展的支撑体系和长效机制

一、强化黄河流域生态保护和高质量发展的规划保障支撑

中共中央、国务院印发《黄河流域生态保护和高质量发展规划纲要》,强调了生态优先、绿色发展的原则,提出了加强上游水源涵养能力建设、中游水土保持、下游湿地保护和生态治理等具体措施。这要求在发展过程中坚持量水而行、节水优先,优化水资源配置,强化全流域水资源节约集约利用。目前来看,黄河流域高质量发展面临的一大挑战是,各地区在规划时往往只关注自身的短期利益,缺乏一个全局和长期视角的规划

机制。为了解决这一问题,需要在黄河流域生态保护和高质量发展规划纲要的基础上,进一步强化黄河流域生态保护和高质量发展的细节设计,确保沿黄各省区在功能定位上形成互补,通过合理的地区分工来实现流域的整体发展。

在这一过程中,各省区应根据自身的产业特点、人口结构和自然资源条件,明确各自的发展定位,并以此为基础,加强省区间的沟通与合作。企业可以作为连接不同地区合作的桥梁,通过产业链的协同发展,推动黄河流域生态保护和高质量发展。在制定和实施规划时,应当兼顾长远目标与当前行动,确保战略的连贯性和实施的有效性。这要求在规划中坚持系统性、整体性和协同性的原则,遵循黄河流域的发展规律,尊重自然、经济和社会的内在联系,实现黄河流域的全面振兴和可持续发展。

黄河流域高质量发展需要打破地域界限,从流域整体出发,构建一个宏观、长远的规划机制。通过明确功能定位、优化地区分工、加强省区间合作,以及坚持系统性、整体性和协同性的原则,有效推进黄河流域生态保护和高质量发展,实现流域内各省区的共同繁荣。

二、完善黄河流域生态保护和高质量发展的法规体系支撑

黄河流域生态保护和高质量发展需要一个全面且细致的法律框架作为支撑。由于黄河流域跨越多个地理区域,各段的自然条件和资源状况存在显著差异,这就要求在制定相关法律法规时,必须考虑到流域的整体性和系统性,确保各地区在生态保护的基础上实现协调一致的发展。

鉴于黄河流域的复杂性,法律制度的建立应充分考虑流域的自然特征

和发展需求，确保法律法规能够适应不同区域的特点，同时解决流域面临的共同问题。这包括但不限于水资源管理、污染防治、生态修复等方面的法律法规，以及跨区域合作和协调机制的建立。通过制定和完善黄河流域治理的法律法规，我们可以为流域的生态保护和高质量发展提供坚实的法律基础。这不仅有助于解决流域内各地区在发展过程中可能遇到的问题，还能够促进各地区之间的合作与协调，共同推动黄河流域的可持续发展。

政府在黄河流域生态保护和高质量发展中扮演着至关重要的角色。政府政策与法规的制定、执行和监督对于实现生态文明建设目标至关重要。在黄河流域，相关政府部门已经出台了一系列针对生态环境保护的政策和法规，如《黄河流域生态环境保护规划》《中华人民共和国黄河保护法》等。这些政策和法规为保护黄河流域的生态环境提供了重要的法律依据，规范了各类活动对生态环境的影响，促进了生态环境的改善和保护。同时，政府还加大对违法行为的打击力度，强化了生态环境保护的执法监督，确保生态环境政策的有效实施。

除了政策和法规的制定外，政府还需要积极推动各类生态环境保护项目的实施，确保政策的落实。政府可以通过财政支持、税收优惠等方式引导企业和社会组织参与生态环境保护工作，激励各方共同参与生态保护。同时，政府还需要建立健全监督机制，加强对生态环境保护工作的监督检查，及时发现和解决问题，确保政策和法规的有效执行。政府政策与法规在黄河流域生态保护和高质量发展中发挥着重要作用。政府应该进一步完善相关政策，加大对生态环境保护工作的投入力度，促进生态环境的改善和保护，推动黄河流域朝着生态文明建设、高质量发展的目标稳步前进。

三、加强黄河流域生态保护和高质量发展的产业政策支撑

为了促进黄河流域的可持续发展，需要制定一系列针对性的产业政策，确保产业发展与环境保护相协调。这包括建立区域性产业准入与退出的政策体系，以及探索生态型产业置换机制。

在制定产业准入政策时，应遵循国家主体功能区建设的要求，坚持"不欠新账、多还旧账"的原则，严格控制高污染、高耗能和资源型产业的规模和布局。建立黄河流域的产业准入制度应基于以下三类条件：一是产业属性需符合国家产业政策和地域产业布局战略，确保产业发展方向与国家指导相一致；二是完善产业选址地区的环境基础设施，或通过区域调控能够满足总量控制指标；三是以资源环境利用效率为标准，评估行业及企业入驻产业集聚区的可行性，推动高效、环保的产业发展。

为了实现经济发展与生态建设的双赢，需要探索一种生态型产业置换机制。这种机制旨在通过发展生态友好型产业，逐步替代传统的、对生态环境有破坏性的产业。这不仅能够解决居民的就业和增收问题，还能够促进生态建设的长期稳定发展。一是产业置换应考虑流域的自然和人文资源，以及地域特色和民俗文化，选择适宜的生态型产业；二是所选产业应具备形成产业链的潜力，能够带动相关生态产业的发展，实现产业升级和转型；三是通过生态产业的增量发展，逐步"消化"传统污染工业的存量，实现产业结构的绿色转型。

通过完善上述产业支撑政策措施，黄河流域可以在保护生态环境的同时，实现产业结构的优化和经济的高质量发展，为流域内的居民创造更多

的就业机会和经济收益，推动社会经济与生态环境的和谐发展。

四、完善黄河流域生态保护和高质量发展的空间管控支撑

环境治理与保护面临着外部性问题，即一个地区或省份的行为可能会影响到其他地区或省份的环境状况。由于缺乏整体性和连贯性，各省区的战略规划和政策实施往往无法形成有效的区域协作，导致发展合力的缺失。为了解决这一问题，需要从黄河流域的整体布局出发，推动各省区之间的协同合作，通过空间管控来加强政策实施的连贯性和统一性。要建立一个跨区域的协调机制，确保各省区在环境治理和保护方面的政策和行动能够相互支持、相互补充，共同推进流域的整体发展。此外，加强黄河流域的空间管控也是提高水土资源开发效率的关键。通过优化空间布局，可以更加合理地配置资源，促进绿色化、智能化的现代经济体系建设。这不仅能够提升流域的经济发展潜力，还能够促进环境保护和可持续发展。

一是建立基于主体功能区的分类治理管控支撑。为了实现黄河流域的高质量发展，需要根据流域内不同区域的空间地理环境特征，采取分类治理的策略。这种策略的核心在于通过主体功能区的划分，提升空间分工的精细化和专业化效率，明确各区域在提供工业、农业和生态产品方面的功能定位。识别并划定生态涵养区，如三江源、祁连山等生态资源丰富的区域，这些区域的主要职责是提供生态产品，保护生态环境，维持生物多样性和生态平衡。在这些区域，治理措施应着重于生态保护和恢复，限制可能破坏生态环境的活动，同时发展生态旅游等可持续发展产业。粮食主产区的划分，如河套灌区、汾渭平原等农产品丰富的地区，应专注于农业生

产，提高农业生产效率和产品质量，确保粮食安全。在这些区域，治理措施应关注农业技术的创新和推广，提升农业基础设施，同时推动农业与现代服务业的融合发展。工业产品供给区的划分，主要集中在各大省会等城市化程度高、经济发展水平较高的区域。这些区域应致力于工业和服务业的发展，推动产业结构优化升级，提高产业链的附加值。在这些区域，治理措施应着重于产业创新、环境保护和城市可持续发展，同时吸引人才和投资，提升区域竞争力。

二是建立基于立体网络的协同治理和产业分工支撑。黄河流域的空间协调治理涉及不同行政区域、地理环境、管理部门、产业制造的协调工作，可以通过建立一个跨区域、跨部门的综合统筹机构，实现整合水资源开发、水环境治理、产业分工和发展的职能。这一机构应借鉴国际上成功的流域管理经验，如法国和澳大利亚的统一管理和综合施治模式，将黄河流域视为一个有机整体，构建多层次、多类型的区域协同合作机制。可以构建一个多元主体参与的多层级多主体治理体系框架，这个框架应包括政府、企业、社会组织和沿黄居民等所有治理主体，共同就流域的防洪调度、水资源分配、生态补偿、重大工程建设和重大投资项目等关键议题进行协商。可以构建区域产业发展体系，使上下游之间形成合理的产业分工，避免造成各行政区之间的产业同构和过度竞争，实现流域内各地区的协调发展。

五、建立黄河流域生态保护和高质量发展的区域协调支撑

黄河流域高质量发展不仅需要战略规划、法律制度与空间管控的战略支撑，还依赖于高效的区域协调机制。建立一个黄河流域九省区生态保护

和高质量发展的联席会议制度，旨在形成一个协调各方利益和行动的体制。通过这一制度，可以促进流域内各省区间的沟通与合作，共同制定和执行资源管理和利用的策略，实现流域的整体保护和治理。这将有助于打破地域和部门间的壁垒，推动流域内各省区协同发展，共同推进黄河流域的高质量发展。

推行目标责任制，确保各级政府在生态保护、治理和流域高质量发展方面承担明确的责任。这包括制定具体的绩效考核指标和要求，确保各级政府在推动黄河流域发展的过程中，能够有效地履行职责，实现生态保护和经济发展的双重目标。通过构建一个统筹协调、系统高效的综合管理制度，为黄河流域高质量发展提供坚实的体制和机制支撑。这将有助于支撑黄河流域资源的可持续利用、生态环境的有效保护和经济社会的全面发展。

第四节　黄河流域生态保护和高质量发展的战略内容和推进方略

一、提升科技创新能力，促进产业绿色低碳转型升级

（一）持续提升科技创新投入和产出

黄河流域在新一轮科技革命和产业变革的浪潮中，面临着提升效率效

益、优化战略性新兴产业布局和加强科技创新能力的挑战。为了应对这些挑战,黄河流域的科研部门和组织机构需要采取一系列措施,推动科技创新和产业升级,持续提升科技创新投入和产出,以更好地服务于国家和区域的发展战略。加大对绿色低碳技术的研发投入,鼓励企业、高校和研究机构之间的合作,推动绿色技术的创新和迭代升级。

科研部门和组织机构应将创新驱动作为核心战略,通过加强基础研究和提升原始创新能力,发挥在决策、研发、组织和成果转化方面的主导作用。这包括集中力量攻克关键核心技术,促进科研成果与产业界的紧密结合,提高科技资源的使用效率,同时遵循科技创新的内在规律,鼓励科研人员勇于探索、大胆创新。应着重推动产业结构的优化和升级,积极布局新兴产业和高价值创造领域,一方面加快战略性新兴产业的发展,另一方面推动传统产业的技术改造和转型升级,以实现新型工业化的目标。科研部门和组织机构需要紧密配合国家的重大战略和区域协调发展战略,巩固在关键行业和国民经济命脉领域的控制力,提升对公共服务体系的支持能力,从而增强整体的战略支撑作用。

(二)推动产业绿色低碳转型

产业绿色低碳转型既有助于资源型企业摆脱资源消耗路径依赖,实现可持续发展;也有益于区域产业绿色、协调、可持续发展,突破"资源诅咒"的困境;还有利于统筹节能提效和减污降碳协同增效,有效推动"双碳"目标的实现。

在微观层面,绿色低碳科技创新贯穿于企业生产全过程,要鼓励企业加强绿色低碳技术的研发和应用,通过采用清洁生产技术和节能减排设备,提高生产效率和资源利用效率,减少温室气体排放。要推动企业优化生产流程，实施循环经济和废物资源化利用，减少生产过程中的能源消耗和污染物排放。中观层面主要涉及产品供给绿色化转型和绿色产业的快速发展，在产业集群中要推广绿色低碳技术和管理，促进产业内部的协同效应，提高整个产业链的绿色低碳水平。引导企业建立绿色供应链，优先选择环保材料和产品，推动供应商和合作伙伴共同参与绿色低碳转型。地方政府应制定区域绿色发展战略，通过政策引导和支持，促进区域内产业向绿色低碳方向转型，培育绿色新兴产业。宏观层面则关系到经济社会发展的全面转型。国家层面应出台相应的政策和法规，为绿色低碳转型提供法律保障和政策支持，如税收优惠、财政补贴、绿色信贷等。推动能源结构的优化和清洁能源的开发利用，减少对化石能源的依赖，降低整体碳排放。加强与国际社会的合作与交流，引进先进的绿色低碳技术和管理经验，共同应对全球气候变化挑战。

（三）培育产业发展新动能

产业结构调整是推动黄河流域高质量发展的关键一环。随着社会经济的不断发展，传统产业结构已经无法适应当今环境保护的需求，必须实施产业转型升级，朝着绿色、低碳的方向发展。绿色产业是指在生产过程中减少对环境的污染和资源消耗，倡导资源循环利用和可持续发展的产业。在黄河流域，应当加大对绿色产业的扶持力度，通过政策引导和资金支持，推动传统产业向绿色产业转变，实现资源的高效利用和环境的友好保护。黄河流域碳达峰、碳中和目标的如期实现，需要创新成果的积极推广应用及其在区域间的均衡发展，要充分挖掘绿色低碳科技创新的动力和潜力，在实现传统产业绿色转型的同时，培育壮大新兴产业，为全社会绿色转型发展提供示范路径。

为培育产业发展新动能，黄河流域需要做好以下几个方面。一是培育绿色低碳技术创新主体。鼓励和支持绿色低碳技术企业的发展，加强高校、科研机构与企业之间的合作，推动产学研用结合。强化知识产权保护，加快绿色技术的研发和应用，培养专业的绿色技术人才，促进科技成果的商业化和产业化。二是构建绿色低碳产业生态。建立以市场为导向的绿色低碳技术创新体系，发展高附加值、具有竞争优势的绿色产品，引导和促进绿色消费。通过市场化手段优化创新资源配置，形成有效的绿色技术供给体系，激发企业进行绿色低碳技术创新的内在动力。三是打造绿色低碳产业集群。在高科技、高效益、低排放的领域培育新动能，推动绿色技术与资本的有效对接，形成绿色产业集群。加强区域间的合作与交流，实现知识共享和产业协同，提高资源利用效率，增强创新体系的整体效能。四是推动重点行业的绿色改造。对钢铁、有色金属、化工等高碳排放行业进行绿色改造，采用先进的生产工艺和技术，提高能效和减排水平。加强固体废物的综合利用和资源循环利用，推动生产流程的绿色化，实现重点领域的碳排放控制。五是探索一产三产新路径。黄河流域地处中国的重要农业基地，应当在发展现代农业的同时，注重生态保护，避免过度开发造成生态环境恶化。可以通过推动农业现代化，提高农业生产的智能化水平，减少农药化肥的使用，推广有机种植和农田水利综合治理，实现农业产业的绿色发展。还可以发展以生态旅游、文化创意等为主导的新兴产业，促进当地经济的多元发展，增加居民收入，推动黄河流域的经济社会可持续发展。

(四)促进数字化绿色化融合发展

党的二十大报告提出"推动形成绿色低碳的生产方式和生活方式"，

"加快发展数字经济,促进数字经济和实体经济深度融合",构成了数字化、绿色化发展的主要目标,数字化和绿色化的融合发展空间也在不断拓展。

为推进黄河流域高质量发展,需要同时注重数字化和绿色化的发展,并促进其进一步融合。一是促进数字技术与绿色产业的深度融合。鼓励企业采用大数据、人工智能、5G等新兴技术,推动能源管理和生产流程的数字化转型。这将有助于能源企业降低用能成本、提升生产效率,并促进传统产业向智能化、清洁化方向改造,为构建清洁低碳的能源体系提供技术支撑。二是建立全生命周期的绿色低碳管理体系。利用大数据、云计算、区块链等技术,构建覆盖产品全生命周期的绿色低碳管理体系。通过这一体系,可以实现从供应端到消费端的低碳闭环管理,完善重点碳排放领域的能源消费和碳排放统计监测制度,推动数据在节能减排方面的共享和应用。三是推动数据要素市场化配置。通过政策引导和市场激励,促进数据要素的市场化配置,挖掘数据在绿色发展中的创新价值。利用实时数据采集和分析,实现能耗管理的全程化和需求预测的精准化,提高能源使用效率和产业运营效能。四是优化产业结构和创新生态系统。数据要素的高效、清洁、低成本和可复制特性,可以有效优化传统产业结构,推动创新生态系统的优化。通过数字化和绿色化的融合,提高绿色发展效能,培育新的经济增长点。

二、加强生态治理与保护,推进生态文明建设

(一)加强生态功能区保护,夯实生态产品产出基础

"十四五"时期,人民对优美环境的诉求更加迫切,我国进入提供更

多优质生态产品以满足人民日益增长的优美生态环境需要的攻坚期,也进入有条件有能力解决生态环境突出问题的窗口期。"十四五"规划纲要明确提出要着力提高生态系统稳定性,提升生态产品品质。

为加强生态功能区保护,夯实生态产品产出基础,需要统筹各生态保护方面的要求,促进生态系统良性循环和永续利用,提升国家生态安全屏障质量。一是要加强国土空间规划与管理。制定严格的国土空间规划,明确生态保护红线、永久基本农田、城镇开发边界和海域保护线,确保生态功能区得到有效保护。二是推进生态保护治理。在黄河流域重点生态区特别是黄土高原生态屏障等关键区域,实施生态系统保护和修复工程,以提升生态系统服务功能。强化黄河主流和重要湖泊湿地的生态保护治理,建设生态廊道,保障水生生态系统的健康。科学推进水土流失、荒漠化、石漠化的综合治理,实施国土绿化行动,推广林长制,保护和恢复生态系统。三是促进生态恢复与休养。对草原、森林、河流、湖泊等生态系统实施休养生息措施,建立耕地休耕轮作制度,巩固退耕还林还草等生态恢复成果。四是构建完善的自然保护地体系。科学划定自然保护地范围和功能分区,整合和优化各类自然保护地,严格控制非生态活动。推动国家公园的设立和管理体系构建,制定相关标准和规划,确保国家公园的生态保护和可持续发展。五是保护生物多样性。加强珍稀濒危野生动植物及其栖息地的保护,建设基因保存库和救护繁育场所,构筑生物多样性保护网络。

(二)提升环境治理水平,强调水、土、气的系统治理

黄河流域受自身地理区位的影响,对气候变化和人类活动十分敏感,生态环境表现出脆弱性,对于环境的治理需求更高。为提升环境治理水平，实现水环境、土壤、大气的系统治理，需要综合考虑各种环境因素的相互影响和作用，采取一系列科学、有效的对策和措施。

为提升黄河流域环境治理水平，实现对水环境、土壤、大气等综合系统治理，需要采取多样化的治理手段。一是强化环境监测与评估，构建覆盖水、土壤、大气的环境监测网络，实时收集和分析环境数据。定期进行环境风险评估，识别潜在的环境问题和风险点，为制定治理策略提供依据。二是制定科学的治理规划，针对水、土壤、大气的不同特点，制定具体的治理规划和行动计划。对水环境进行流域综合管理，协调上下游、左右岸的利益，实现水资源的合理利用和保护。三是针对不同的治理主体采取有效的治理措施。在水环境治理方面，加强污水处理设施建设，提高污水处理率和水质标准；实施河流、湖泊生态修复工程。在土壤治理方面，开展土壤污染调查和评估，制定土壤修复计划；推广安全使用化肥和农药的知识，减少农业源污染。在大气治理方面，控制工业排放和机动车尾气排放，推广清洁能源和节能技术，减少大气污染物排放。四是加强法律法规建设，制定和修订环境保护相关法律法规，确保环境治理有法可依。加大环境执法力度，对违法排污行为进行严厉处罚，提高违法成本。五是推动技术创新与应用，鼓励研发和应用先进的环境治理技术，提高治理效率和效果。推广循环经济和清洁生产技术，减少生产过程中的环境污染。

(三)强化以水为核心的基础设施建设，做好防灾减灾

黄河水害隐患像一把利剑悬在头上，丝毫不能放松警惕。必须完善黄河流域防洪减灾体系建设，确保流域安全。保障黄河长久安澜，应根据新的形势和要求，加强防灾减灾体系的建设，确保流域安全。

要强化以水为核心的基础设施建设，防水患、水灾、水污染于未然。

一是加强防洪减灾体系建设。要根据新的气候和水文条件，提高防洪工程的设计和建设标准，确保能够应对极端天气事件。建立健全洪水预警和信息发布系统，提前预警并指导群众进行避险和减灾。二是要优化水沙调控机制。通过科学调度水库、水电站等水利设施，合理调控水沙关系，减少下游淤积。加强河道疏浚和滩区治理，提高河道行洪能力，保障沿岸地区的防洪安全。三是改善给排水和水利设施。改善城市给排水系统，提高防洪排涝能力，确保城市水安全。加强农业灌溉设施建设，推广节水灌溉技术，提高农业用水效率。四是实施水资源刚性约束。坚持"以水定城、以水定地、以水定人、以水定产"的原则，合理规划人口、城市和产业布局。大力发展和推广节水技术和产业，推动用水方式从粗放型向节约集约型转变。五是推进生态修复和节水工程。在中上游地区优先开展矿区生态环境修复工程，恢复生态功能，减少水土流失。建设高效节水和水资源综合利用工程，提高水资源利用效率，缓解水资源短缺问题。六是加强污水处理和污染控制。在汾河流域加快工业园区污水处理设施建设，减少工业污染。在渭河流域加快生活污水处理工程和农业面源污染控制工程建设，保护水质。

(四)健全生态保护补偿机制,探索生态产品的市场化方案

生态补偿机制是指在生态保护与资源利用中，对生态系统提供的生态服务进行补偿的一种方法。在黄河流域，实施生态补偿机制对于促进生态保护和高质量发展具有重要意义。生态补偿机制可以通过补偿生态服务的方式调动各方主体保护环境的积极性，激励各方主体积极参与生态保护。生态补偿机制有助于减少生态环境破坏行为，促进资源的合理利用，从而实现生态环境和经济的协调发展。

在实施生态补偿机制时，政府部门需建立健全相关政策法规，明确生态补偿的标准和范围，确保生态补偿机制的有效性和可持续性。一是要明确黄河流域生态保护优先级，识别黄河流域内生态功能最为重要的区域，如水源涵养区、湿地保护区等，并根据这些区域的生态环境特点和保护需求，制定相应的补偿标准和补偿措施。二是建立黄河流域生态产品目录，通过科学研究和实地调查，编制黄河流域生态产品目录，明确各类生态产品的服务功能、价值评估方法和交易规则，为市场化交易提供基础。三是推广生态产品市场化交易，通过建立黄河流域生态产品交易平台，促进生态产品如清洁水源、碳汇、生物多样性等的市场化交易。通过交易平台，实现生态产品的供需匹配和价格修正。四是探索生态补偿的多元化融资渠道，通过鼓励金融机构创新绿色金融产品，如绿色债券、绿色信贷等，为黄河流域生态保护项目提供资金支持。同时，探索生态补偿与绿色金融产品的结合，如将生态补偿权益作为金融产品的底层资产。五是完善黄河流域横向生态补偿机制，通过加强上下游地区的协调合作，建立横向生态补偿机制，实现水资源的合理分配和利用。例如，上游地区通过生态保护措施改善水质，下游地区则通过支付一定的补偿费用，以此形成利益共享、责任共担的合作模式。六是强化法治保障和政策支持，加快制定和完善黄河流域生态保护补偿相关的法律法规，确保生态保护补偿机制的合法性和有效性。同时，通过税收优惠、财政补贴等政策手段，激励社会各界参与黄河流域的生态保护工作。七是建立科学的监测评估体系，通过构建黄河流域生态环境监测网络，实时监测生态保护项目的进展和效果，为生态补偿提供科学的决策依据。建立生态产品价值评估体系，为市场化交易提供准确的价值衡量。

三、扩大高水平对外开放,畅通全流域"双循环"

(一)推进产业链分工合作,推进东中西联合开放

黄河流域九省区的外向型经济具有较大的发展潜力,在推动东西双向互济、陆海内外联动方面发挥着纽带作用,沿黄地区的对外贸易是畅通全流域"双循环"的重要方式。为加强区域协同发展,黄河流域应建立东中西部地区间的产业链合作机制。一是建立区域间产业链合作的信息交流和协调平台,促进资源共享、信息互通和政策对接。主要涉及产业间的直接对接和资源共享以及创新体系的构建和人才交流的促进。充分发挥各地区自身的区位和资源优势,推动产业链的优化升级,实现产业间的合理分工与协同增长,共同构建具有竞争力的区域经济体。二是促进产业转移与承接,在黄河流域内,应积极引导东部地区的成熟产业和优质资源向中西部地区合理流动,这有助于缓解东部地区的环境和资源压力,为中西部地区带来新的发展机遇。中西部地区要逐步增强自身的产业吸引力和竞争力,加速产业链的现代化进程,实现区域经济的均衡发展和互利共赢。三是培育特色优势产业,充分发掘和利用沿黄各省区的独特资源和文化优势,通过政策扶持和市场引导,促进这些地区形成具有明显地域标识的产业集群。这样的产业集群不仅能够提升当地经济的发展水平,还能在国际市场上形成独特的竞争优势,增强整体的对外贸易实力和品牌影响力。通过这种方式,黄河流域能够在全球经济中占据一席之地,推动地区经济的可持续发展。

(二)优化内外贸易结构,培育贸易品牌新优势

黄河流域具有丰富的历史文化资源,具有丰厚的品牌塑造新优势,为

将资源本底转化为经济提升，要进一步优化内外贸易结构，培育多元化的贸易品牌。一是推动黄河流域货物贸易与服务贸易的均衡发展，提高服务贸易比重，增强贸易结构的多元化。鼓励企业采用先进的物流和供应链管理技术，提高货物贸易的效率和附加值；同时，加大对服务贸易的支持力度，如金融服务、教育培训、文化旅游和专业服务等，通过政策引导和市场开拓，提升服务贸易的国际竞争力。此外，要加强区域内的产业协同和创新合作，推动产业链与服务链的深度融合，以形成更加均衡和多元化的贸易发展格局。二是引导企业加强品牌建设，提升产品和服务质量，打造具有国际影响力的知名品牌。企业应当深化对品牌价值的认识，通过持续的技术创新和质量控制，不断提升产品和服务的品质。企业需要运用有效的市场营销策略，结合本土文化和国际趋势，塑造独特的品牌形象。积极参与国际交流与合作，通过参与国际展会、建立海外分支机构等方式，扩大品牌的国际知名度和影响力。政府在设立品牌发展基金、优化知识产权保护机制等方面要增强相应的支持，为企业的品牌建设提供良好的外部环境。三是积极发展数字贸易，利用大数据、云计算等技术提升贸易效率，推动贸易模式创新。黄河流域作为中国重要的经济带，拥有丰富的文化资源和产业基础，要通过利用大数据和云计算等技术分析和预测市场需求，优化供应链管理，提高货物与服务的匹配效率。推动贸易模式创新，如发展跨境电商平台，可以促进黄河流域特色产品走向国际市场，拓宽贸易渠道。加强数字基础设施建设，提升网络覆盖和服务质量，可以为数字贸易提供坚实的技术支撑。政府和企业应合作联动，通过培训和技术支持，提高当地企业和居民的数字素养，确保数字贸易的可持续发展，从而推动黄河流域经济的整体升级和转型。

(三)促进开放平台联动,提升全流域贸易质量

一是优化开放平台建设。充分发挥自贸试验区、跨境电商综合试验区等开放平台的作用,推动政策创新和先行先试。结合黄河流域的贸易现状,充分发挥自贸试验区和跨境电商综合试验区等开放平台的作用,关键在于利用这些平台的政策优势和创新环境,探索适应黄河流域特点的贸易新模式。可以通过这些平台实施更为灵活的贸易政策,吸引更多的国内外企业参与到黄河流域的经济发展中来。鼓励企业利用这些平台开展跨境电子商务、国际贸易单一窗口等创新业务,提高贸易便利化水平。加强与国际标准的对接,探索在知识产权保护、贸易便利化、金融服务等方面的创新举措,为黄河流域的贸易发展注入新的活力。二是提升贸易便利化水平。简化通关流程,降低贸易成本,提高黄河流域贸易便利化水平,促进物流节点的有效对接。通过简化通关流程,加快货物的流通速度,减少企业在贸易过程中的时间和资金占用,降低整体的贸易成本。加强黄河流域内各物流节点的建设和互联互通,如提升内陆港的功能、完善多式联运体系,进一步提高物流效率,促进区域内外的贸易往来。三是推动国际合作与交流。利用国际合作平台,加强与"一带一路"沿线省市和国家等的经贸合作,拓展国际市场。黄河流域作为连接中国东西部的重要经济带,拥有丰富的自然资源和文化遗产,这为与"一带一路"共建国家的经贸合作提供了独特的资源和平台。通过积极参与国际合作项目,更好地利用国际市场资源,引进先进的技术和管理经验,将本地的特色产品和服务推向国际市场。加强与共建国家的文化和教育交流,可以促进相互了解和信任,为经贸合作创造更加有利的软环境。

四、扩大有效需求,持续增进民生福祉

(一)明确促消费着力点,着力提高市场化程度

为了促进经济的稳定恢复和持续改善,必须坚定不移地执行扩大国内需求的战略计划,迅速构建一个全面的国内消费体系。这需要重点关注并促进那些由居民收入增长所支持的消费需求,确保投资能够带来合理的收益,同时在金融领域保持资本和债务的平衡。在这个过程中,消费作为经济增长的基石,其作用应当被充分认识并加以利用。

应当从培育消费新动能、构建城乡流通体系、推动供需动态平衡、壮大新消费群体、改革体制机制等方面,明确促进消费着力点并提高市场化程度。一是鼓励黄河流域的企业通过技术创新和商业模式创新来提升产品和服务质量,增加中高端商品和服务的有效供给。同时,利用黄河流域的开放平台,如自由贸易试验区和跨境电商平台,发展免税零售等新型消费业态,吸引国内外消费者。二是加强城乡市场流通基础设施建设,促进中心城市和城市群的市场活力,扩大农村地区的新型流通基础设施覆盖,挖掘县乡消费潜力,实现城乡市场的互联互通。三是发展线上线下融合的消费模式,推动数字化技术在消费端和供给端的应用,利用数据驱动生产和供应链的优化,建立灵活的产能转换和快速响应机制。四是通过优化就业服务和提高低收入群体的人力资本,推动更多技术工人和农民工进入中等收入群体,提高居民收入水平,增加公共消费支出,推进基本公共服务均等化。五是建立和完善促进居民消费的长效机制,完善消费政策,取消限制消费的行政性规定,强化消费者权益保护,扩大服务业开放,引进国外优质服务资源,满足消费升级需求。

(二)完善税收财政制度,提升公共服务供给能力

结合黄河流域的税收财政现状,提升公共服务供给能力,关键在于优化财政资源配置和提高财政资金使用效率。黄河流域的经济发展不平衡,部分地区财政收入有限,这就要求中央政府在宏观调控中发挥更大作用,通过建立和完善现代财政制度,确保地方政府具备提供基本公共服务的能力。一是需要健全地方税收体系,确保地方政府有稳定的财政收入来源。这包括扩大地方税基、优化税率结构,以及探索新的税收增长点。同时,国家应通过转移支付等方式,向财政困难地区提供必要的财政支持,特别是对革命老区、民族地区、边疆地区和贫困地区给予重点扶持,确保这些地区能够提供基本的公共服务。二是合理划分中央与地方的财政责任,明确各自的支出范围和责任,使地方政府在公共服务供给中发挥更大的积极性。国家应更多地承担宏观调控和跨区域协调的职责,而地方政府则应专注于提供更贴近民生的公共服务。三是提升财政资金使用效率,这也是提升公共服务供给能力的重要途径。通过加强财政预算管理、提高资金使用的透明度和效率,确保每一笔财政资金都能发挥最大的社会效益。

(三)构建多元主体参与机制,提升公共服务供给效率

在黄河流域构建多元主体参与机制,对提升公共服务供给效率具有重要意义。黄河流域面临着公共服务供给不均和资源分配不均的双重挑战,因此,政府应当发挥其在公共服务供给中的主导作用,同时引入市场机制和社会力量,共同参与到公共服务的供给和管理中。一是政府可以通过特许经营、合同外包等方式,将部分公共服务项目交由有能力的市场主体来执行,以此引入竞争机制,提高服务效率和质量。二是政府还可以与社会组织合作,通过联合生产、签约外派等形式,发挥各自的优势,共同推进

公共服务项目,确保公共服务的多元化和个性化需求得到满足。三是政府需要建立健全监管和评估体系,确保所有参与主体都能够按照既定标准和要求提供服务,同时保障公共服务的公平性和可持续性。通过这种共建、共治、共享的模式,黄河流域的公共服务体系将更加完善,能够更好地满足人民群众的需求,为实现基本公共服务均等化的战略目标提供坚实的基础。

(四)全面推进乡村振兴战略,推进扩大乡村民生福祉

为全面推进乡村振兴战略,扩大黄河流域乡村民生福祉,必须采取一系列切实有效的措施,以缩小城乡公共服务差距,促进乡村全面发展。黄河流域的乡村建设和发展面临着诸多挑战,尤其是在教育、医疗保障和基础设施等方面,需要特别关注和投入。一是加大对农村教育的投入,提高教育质量是缩小城乡差距的关键。可以通过建设乡村学校、引进优质教育资源、培训乡村教师等措施,提升农村地区的教育水平,确保农村儿童享有与城市儿童同等的教育资源和机会。二是建立健全医疗保险和养老保险制度,确保所有城乡居民都能享有基本的医疗和养老保障。这需要政府加大财政投入,优化保险制度设计,提高保障水平,让改革发展的成果惠及每一位乡村居民。三是完善乡村公共服务基础设施建设,为农业和农村高质量发展提供坚实的基础。这包括改善乡村道路、供水、供电等基础设施,提升乡村卫生服务水平,以及加强乡村文化和体育设施建设,丰富乡村居民的精神文化生活。

五、强化区域联系与分工,促进区域协调发展

(一)以"三区七群"为基本框架,推动黄河流域人与自然协调发展

"三区",是指青藏高原保护与限制开发区、黄土高原资源开发—经

济发展—生态环境保护协调发展区域、华北平原现代化高质量升级—生态环境保护协调发展区。这三大区域基本体现了黄河流域自然环境的差异和特点,以及保护与发展面临的区域性问题。

"七群"是指山东半岛城市群、中原城市群、关中城市群、太原城市群、呼包鄂城市群、银川平原城市群和兰西城市群。黄河流域的城市群作为人口、产业和城镇发展的重要集中地带,肩负着实现区域经济集约化发展的使命,旨在增强经济和人口的承载力。这些城市群不仅是"十三五"规划中明确提出要优先推动发展的关键区域,而且在当前和未来我国区域发展的协调中扮演着举足轻重的角色。为了实现可持续发展,对这些城市群的空间布局、发展方式和产业结构进行优化升级显得尤为关键。深化改革和推进生态文明建设的新路径也应聚焦于这些城市群。通过创新机制和政策,推动绿色发展,实现经济社会发展与生态环境保护的和谐统一。这要求城市群内部各城市之间加强协作,共同规划和实施跨区域的重大项目,促进资源共享和产业互补,共同应对区域发展中的共性问题。同时,应充分利用科技创新的力量,推动产业转型升级,培育新的经济增长点。要加强城市群内部交通网建设,加快核心城市与周围城市的轨道交通建设,依托城市公共交通设施建设,强化城市轨道交通与其他交通方式的衔接,有效提升都市圈城市群一体化、同城化水平。

(二)推进黄河流域构建高质量发展的流域分工体系

推进黄河流域构建高质量发展的流域分工体系,关键在于打破传统的行政区域限制,依据流域的自然特征和资源禀赋来组织生产和流通活动。这样的流域分工能够更有效地发挥各地区的比较优势,促进产业的合理布局和协同发展,同时避免产业同构和过度竞争,实现经济与环境的双重提升。

一是需要制定科学的流域产业发展规划，明确上中下游地区的产业定位和发展方向，形成互补的产业链条。这要求上游地区重点发展生态友好型产业，如生态旅游、清洁能源等，而中下游地区则可以侧重于高新技术产业和先进制造业的发展。二是引导和支持上游地区发展替代产业，根据"一城一策"的原则，培育新的经济增长点，提升产业的核心竞争力。同时，推进清洁生产的区域协作，实现资源的高效利用和梯级利用，促进产业的绿色转型。三是通过异地建设产业园区等方式，实现对欠发达地区的生态补偿，将其转化为产业发展的新动力。同时，加强流域内的供给侧结构性改革，淘汰落后产能，提升传统产业，优先发展生态产业，增加有效供给。四是在基础设施建设方面，实现流域内基础设施的互联互通，降低交易成本，提高经济运行效率。支持各地区发挥比较优势，以中心城市为核心，构建都市圈和城市群发展模式，如中原城市群、山东半岛城市群、关中平原城市群等，通过中心城市的辐射带动作用，促进整个黄河流域的高质量发展。通过这些综合措施，黄河流域将能够构建起一个高效、协调、可持续的流域分工体系，为实现区域经济的全面振兴和高质量发展奠定坚实基础。

(三)深化黄河流域各区域合作

深化黄河流域区域合作是推动该地区经济社会发展的重要策略。黄河流域作为中国重要的经济带，其区域合作的现状为深化合作提供了坚实的基础。为了进一步促进区域间的资源共享和优势互补，需要采取一系列措施。

一是黄河流域应充分利用"一带一路"倡议带来的机遇，加强与共建国家的合作，推动基础设施建设，如交通网络和物流系统，以促进区域内外的贸易往来。同时，积极参与国际经济合作项目，如新亚欧大陆桥、中蒙俄经济走廊、中国－中亚－西亚经济走廊，以此带动黄河流域的对外开放和经济发展。二是黄河流域应与国内其他重要经济区域如京津冀、长三角、粤港澳大湾区等进行战略对接，通过区域间的协同发展，实现资源共享和市场互联互通。这不仅有助于黄河流域内部的经济发展，还能加强与其他经济区的联系，形成更广泛的经济合作网络。三是为了降低区域合作中的交易成本，需要构建有效的跨区域合作机制。这包括在国家层面成立专门的黄河流域发展领导小组，负责统筹规划和协调区域合作事宜；在区域层面建立协调机构，负责制定统一的发展规划，解决区域合作中的问题，推动区域间的联动发展。四是应建立多元化的合作机制，鼓励政府、企业、社会组织和公众参与到区域合作中来，形成合力。完善上中下游省份之间的合作机制，特别是在黄河治理、生态环境保护、经济合作等方面，确保黄河流域的整体协调发展。

六、促稳企业发展，有效防范化解风险

(一) 化解中小金融机构风险

化解黄河流域中小金融机构风险，是确保该地区金融稳定和经济健康发展的重要任务。黄河流域的金融发展呈现出一定的区域不平衡性，部分中小金融机构面临较大的经营压力和风险挑战。为此，需要采取一系列措施来加强中小金融机构的风险管理和改革化险工作。

一是加强顶层设计是确保改革方向和效果的关键。应出台具体的政策文件，明确农村信用社等中小金融机构改革的基本原则和目标，确保改革

工作有序进行。同时，对于村镇银行的结构性重组，也应提供明确的指导和支持，促进其健康发展。二是政策支持对于中小银行的稳健运营至关重要。金融监管部门可以通过提供税收优惠、降低准备金率、提供流动性支持等措施，帮助中小银行建立资本补充机制，增强其抵御风险的能力。地方政府也应积极发挥作用，通过财政补贴、风险补偿等措施，支持中小银行的发展。三是坚持"因地制宜"的原则，根据不同地区的实际情况，制定符合当地需求的改革方案。在推进农村信用社改革时，各省份应结合自身特点，平衡发展与风险防范的关系，探索适合自身的改革路径。四是强化中小银行的主体责任，是提升其自身风险管理能力的关键。中小银行应加强公司治理，明确发展战略，通过数字化转型提升服务效率和客户体验，降低运营成本。同时，中小银行应在细分市场中寻找差异化的定位，实现特色化和精细化发展，提高市场竞争力。

（二）促进房地产、地方债稳健运行

促进黄河流域房地产和地方债务的稳健运行是实现区域经济稳定发展的重要任务。在当前经济下行压力和高质量发展要求下，黄河流域的房地产和地方债务问题尤为突出，需要采取一系列措施来化解风险，推动经济平稳健康发展。

一是要积极稳妥地化解房地产风险，确保房地产市场的平稳运行。这包括满足不同所有制房地产企业的合理融资需求，调整房地产企业融资政策，如适时调整"三条红线"要求，以及优化商品房预售资金监管规定，确保资金安全的同时，提高资金使用效率。同时，创新融资模式，如鼓励银行开展并购贷款业务，加大对重点项目的支持，以及通过债券市场和股权融资等方式，拓宽房地产企业的融资渠道。二是从需求侧出发，调整优化限购、限贷、限售等措施，实施差别化的住房信贷政策，提振居民的住房消费信心和能力。同时，推动"租购并举"政策，发展长租房市场，加强保障性住房建设，支持探索房地产新的发展模式，如发展绿色建筑和低碳社区，以适应绿色低碳转型的趋势。

对于地方债务问题，需要统筹好风险化解和稳定发展的关系。一是黄河流域的经济大省应承担起稳定区域经济的责任，通过加强债务管理和风险预警，确保地方债务的可持续性。同时，加快构建房地产发展新模式，推动地方债务的合理结构调整，提高地方政府的财政收入和支出效率，减少对债务的依赖。二是应加强宏观审慎管理，确保金融政策的连续性和稳定性，防止房地产市场和地方债务风险的传导。在风险处置上，采取"先立后破"的调控思路，注重宏观均衡，引导房地产市场和地方债务风险的"软着陆"。通过这些措施，可以有效促进黄河流域房地产和地方债务的稳健运行，为区域经济的高质量发展提供坚实的基础。

第八章
济南市推进黄河流域生态保护和高质量发展战略对策研究

2019年9月，黄河流域生态保护和高质量发展正式上升为重大国家战略，明确了济南"黄河流域中心城市"的定位；同年，国务院印发《中国（山东）自由贸易试验区总体方案》，赋予济南先行先试的改革权、试验权、先行权；2021年4月，国务院批复同意《济南新旧动能转换起步区建设实施方案》。三大国家战略在济南交汇叠加，为济南带来前所未有的历史发展机遇。2021年10月8日，中共中央、国务院印发《黄河流域生态保护和高质量发展规划纲要》，将济南放在国家战略发展大局、生态文明建设全局、区域协调发展布局中高点定位，并提出"支持济南建设新旧动能转换起步区"，赋予济南前所未有的战略牵引力、政策推动力和发展支撑力。济南立足国家战略和自身实际，于2021年10月19日审议通过了《济南市黄河流域生态保护和高质量发展规划》。该规划的诞生为济南未来一段时间的高质量发展指明了方向。

济南市自确立发展规划以来,取得了不错的成绩。然而,当下正值济南经济社会转型升级的关键时期,城市的高质量发展也并非一帆风顺,多年的高速发展也为这座城市留下了一些发展积弊。例如,城市核心竞争力和辐射带动能力较弱,城乡区域的协调发展水平有待提高,综合发展空间的规划亟待优化,在对外开放、社会治理、民生保障等重点领域和关键环节的改革任务仍存在短板弱项。在发展大方向和政策的指引下,济南市需要明确过去一段时间的发展弊端和症结,为今后的高质量发展进一步明确目标。

第一节 济南市高质量发展基本情况

利用黄河流域生态保护和高质量发展评估体系,本研究测算了济南市2010—2021年期间的高质量发展指数。结果显示,济南市的高质量发展综合指数从2010年的0.205增长至2021年的0.378,增长速度较快,且一直保持着较为强劲的发展动力。城市的高质量发展结果体现在方方面面,本研究以现有的经济发展形势较为关注的一些指标为依据,结合2024年中央经济工作会议所提到的几大社会经济发展方向,在城市尺度上从科技创新、需求侧改革、企业发展、对外开放、区域协调发展、生态文明建设、民生改善7个方面对黄河流域生态保护和高质量发展状况进行综合测度。

各分维指标的变化状况体现了城市近十年的发展趋势，同时各分维指标的变化过程也暴露出城市的发展短板。接下来的研究将从各分维指标的角度一一分析济南市的发展过程，并从中探寻发展过程中存在的问题，为今后的高质量发展提供依据。

（一）科技创新

本研究采用科研人力投入强度、科研经费投入强度以及数字经济综合发展指数三个分指标进行聚合，形成科技创新综合指标。通过观察济南市2010—2021年的科技创新指数发展趋势，发现济南市的科技创新发展过程呈现三个较为明显的阶段。2010—2012年，济南市的科技创新发展处于低速增长阶段；2013年，济南市科技创新发展发生较快的增长后迈入一个平稳增长的阶段；2020年，济南市科技创新发展又一次发生较快增长。

从构成济南市科技创新发展的三个分指标来看，科研经费投入水平从2010年至2017年一直保持一个较为平稳的水平，科研支出一直均为10亿级左右，自2018年开始呈现较快的增长，于2019年增长至40亿级，于2020年后发生小幅度的回落。科研人力投入强度变化状况与科研经费投入水平类似，2018年是一个极为明显的拐点，人力投入强度自2018年发生快速增长，发展势头一直持续至今。其中，2021年济南市科研人员数量比2010年增长约254%，比2017年增长约133%。数字经济自被提出以来备受各大城市重视，逐步成为象征科技创新力量的一大关键指标。济南市数字经济综合发展指数的发展过程呈现较为明显的三个阶段。第一阶段为2013年前的低速发展阶段，数字经济的发展处于萌芽阶段，包括济南在内的各城市处于对数字经济探索的初期。2013—2018年是数字经济快速发展阶段，2013年以来，数字经济发展规模呈现爆炸式的增长，2018年后经历了短暂的发展低谷,之后进入波动式发展阶段。参考北京大学数字金融研究中心发布的数字普惠金融指数,济南市的数字普惠金融指数从 2011 年的 70.47 暴增到 2020 年的 291.9,增长幅度近三倍之多,表明济南市数字金融实力的显著增强。另外,统计数据显示,2022 年济南市的信息传输与计算机服务从业人员数、电信业务量、移动电话年末用户数、国际互联网用户数等数据相比 2010 年分别增加 3.6 倍、0.82 倍、0.43 倍、3.08 倍,数字经济发展的基础指标提升十分明显。

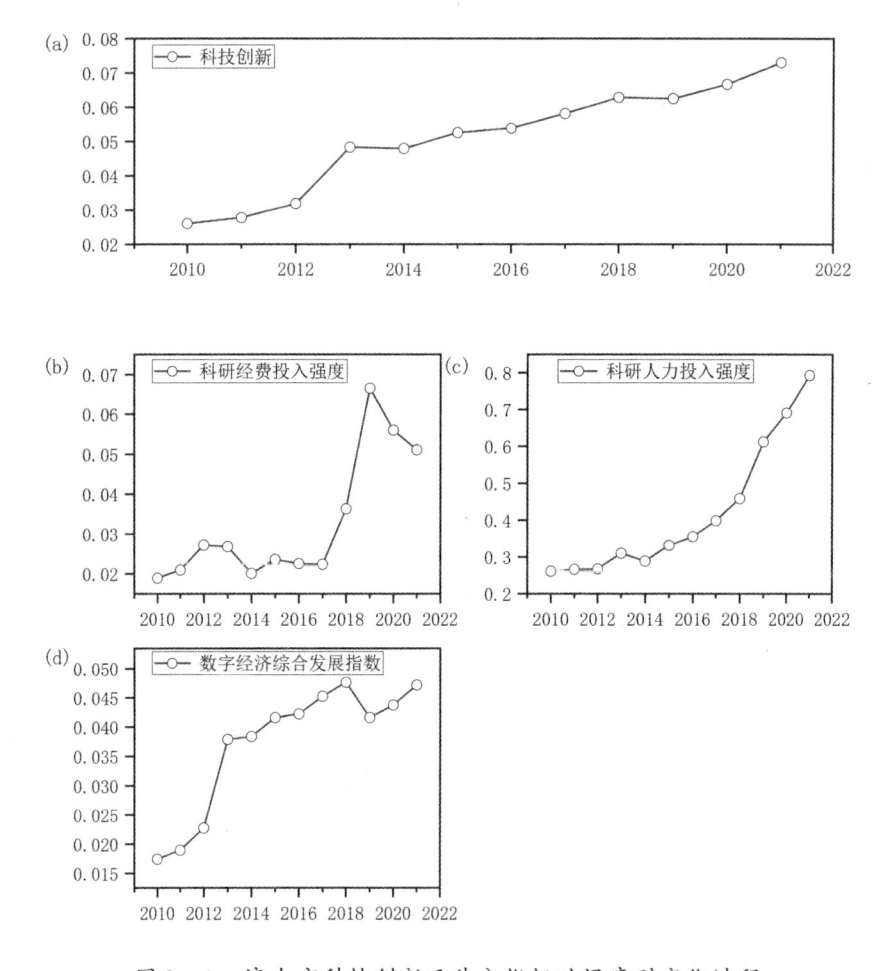

图 8-1 济南市科技创新及其分指标时间序列变化过程

整体来看，济南市科技创新实力在2018年前后出现发展拐点，2018年之前虽然发展速度较快，但总体发展水平相对较低，只是保持了较为快速的增长，但增长的质量方面不能保证。2018年后，随着前期科技力量的积累和科技人力的聚集，济南市科技创新开始转入高质量发展的阶段。然而，从最近几年的发展趋势看，科技创新的发展势头又有所减缓，一方面是受到疫情的影响，科研经费的缩减使得科技创新失去了基础的投入保障，科技创新正迈入高质量发展的阶段，科技创新所需要的基础投入十分巨大；另一方面，现存的科研人员占比连年攀升，随之也面临着科研人员内部结构的优化问题，对重点领域人才的吸引不足，基础科研人员数量冗余的现象不可忽视。这两方面问题也是济南市未来科技创新发展的重点和难点。

(二) 对外开放

本研究采用外资开放度和外商开放度两个分指标进行聚合，形成对外开放综合指标。通过观察济南市2010—2021年的对外开放指数发展趋势，发现济南市的对外开放发展过程呈现持续下降的趋势，对外开放指数下降幅度约44%。

从构成济南市对外开放发展的两个分指标来看，2010—2021年间济南市的外商开放度锐减，2010年和2021年外商投资的企业数分别为159个和88个，2021年外商投资企业数相比2010年减少约45%。自2010年以来，济南市的企业数量呈现逐年攀升的趋势，2021年规模以上工业企业数相比2010年增加约79%。与此同时，海外资本投资的企业数量呈现下降的趋势，此消彼长之下外商开放度极速下降。在外资开放度方面，主要可划分为两个阶段，2012年至2018年外资开放度波动增长，2018年后外资开放度持续下滑。外资开放度根据普遍被采用的当年实际使用外资金额和地区生产总值的比例计算获得,当实际使用外资金额和地区生产总值均保持增长的情况下,实际使用外资金额上升的速度慢于地区生产总值上升的速度即出现外资开放度下降的状况。2010年和2021年,济南市实际使用外资金额分别约为12亿美元和24亿美元,实现了实际使用外资金额的翻番。济南市2010年和2021年地区生产总值分别为3910亿元和11432亿元,2021年相比2010年增长了约192%。济南市实际使用外资金额增长速度较地区生产总值增长速度慢,因此外资开放度呈现持续下降的趋势。

从表征对外开放水平的另一个指标——货物进出口总额也能得出相似的规律。2010—2022年间,在对外货物进口方面,济南市的货物进口总额与地区生产总值之比的变化近似可划分为两个阶段,第一阶段为2011—2020年,济南市的货物进口呈现逐年下降趋势,且维持在一个较低的水平;第二阶段为2020年后的快速增长阶段。2010年和2022年,济南货物进口总额分别为33亿美元和115亿美元,货物进口总额翻两番,在2019年左右出现快速增长。在货物出口方面,济南市的货物出口总额与地区生产总值之比的变化呈现较为明显的三个阶段,第一阶段为2010—2015年的波动式下降,第二阶段为2015—2018年的低谷期,第三阶段为2018—2022年的快速增长期。货物出口总额的变化能够更加直观地呈现济南市货物出口的变化历程,2010—2018年为低速增长阶段,历经8年时间,货物出口总额从40亿美元增长至85亿美元,实现翻一番,2021年达到181亿美元,再翻一番,说明2018年后济南市的货物出口发展迅速。

近十五年来,济南对外开放从低速发展到2018年后的迅速发展,中间经历了较长时间的发展停滞,对外开放的程度不够充分。从2010—2022

年期间的外商投资企业数量上来看，济南对外开放程度呈现较为明显的下滑趋势。虽然各项指标均是增长的，但是从各贸易总额与地区生产总值的比值来看，对外开放对促进地区生产总值增长的贡献并不突出，甚至稍显落后，对外开放的程度和深度还有待提升。

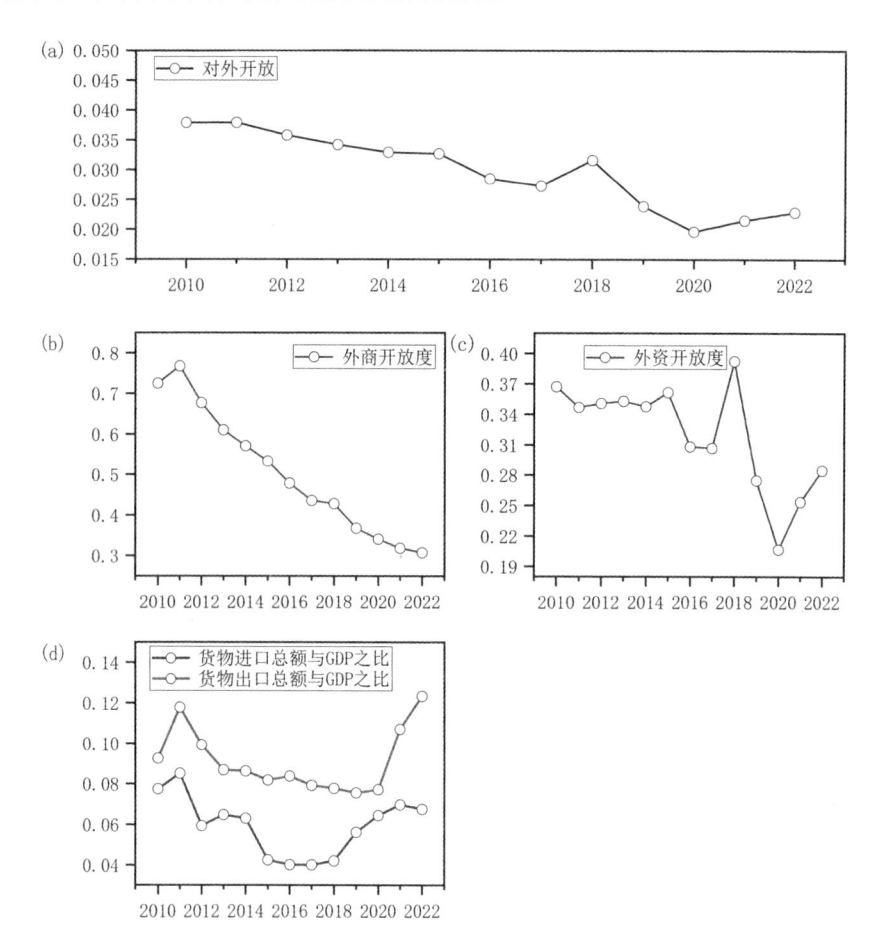

图 8-2 济南市对外开放及其分指标时间序列变化过程

(三)区域协调发展

本研究采用三大产业收入协调度、需求结构协调度、城镇化率三个分指标进行聚合，形成区域协调发展综合指标。通过观察济南市 2010—2022

年的区域协调发展指数发展趋势,发现济南市的区域协调发展过程呈现两个明显的发展阶段,第一阶段是 2010—2017 年的稳定增长阶段,第二阶段是 2018—2022 年的波动平衡阶段,区域协调发展基本停滞。

从构成济南市区域协调发展的三个分指标来看,产业收入协调度一直处于稳定增长的趋势,尤以 2019 年莱芜辖区被划归济南市管辖之后,济南产业收入协调度剧增,但近些年产业收入协调度增长速度趋缓。 其中,济南市 2010 年第一产业增加值为 215 亿元,至 2022 年历时 12 年完成翻番,达到 420 亿元;济南市 2010 年第二产业增加值为 1637 亿元,至 2019 年历时 9 年完成翻番,至 2022 年达到 4180 亿元;济南市 2010 年第三产业增加值为 2058 亿元,至 2017 年历时 7 年完成翻番,至 2022 年达到 7427 亿元。整体来看,济南市三大产业均实现了稳定增长,产业协调发展水平趋于完善,且第三产业发展最为迅速,其次是第二产业,最后是第一产业。 需求结构协调度采用社会消费品零售总额与地区生产总值之比表示,是反映经济景气程度的重要指标。 济南市的需求结构协调度 2010—2017 年呈现快速增长的趋势,2017 年后开始下降,尤其是 2020 年时受疫情的影响出现断崖式下降。 从社会消费品零售总额的发展变化来看,从 2010 年的 1802 亿元到 2019 年基本达到峰值水平 5162 亿元,随后呈波动变化。 从济南市城镇化率的变化趋势看,2014—2019 年是城镇化发展最迅速的时间段,随后城镇化率缓慢增长。 济南市城镇化率从 2010 年的 0.621 上升至 2022 年的 0.743,远高于现阶段全国平均常住人口城镇化率 0.662。

整体来看,2010—2022 年济南市区域协调发展在经历前期迅猛增长后陷入了发展瓶颈,主要体现在社会消费品有效需求不足、城镇化进程减缓、城乡区域发展不够均衡、产业融合和高质量发展动力乏力等方面。

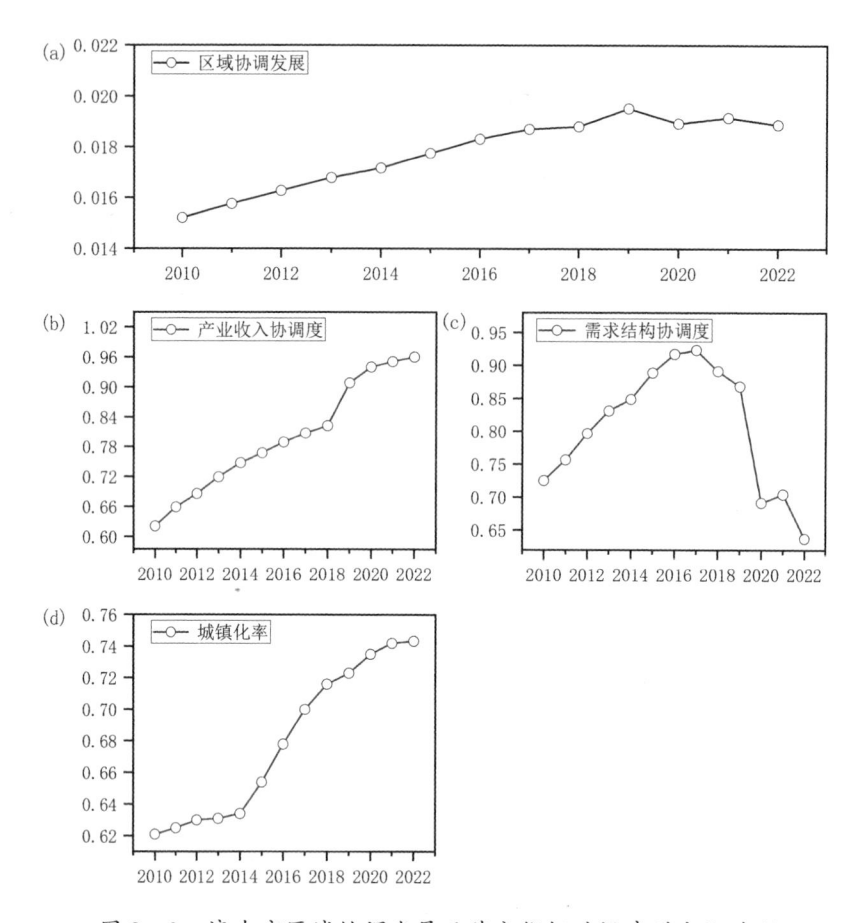

图 8-3 济南市区域协调发展及其分指标时间序列变化过程

(四) 企业发展

本研究采用新生企业活力、城市项目活力、房地产企业稳定性三个分指标进行聚合，形成企业发展综合指标。通过观察济南市 2010—2022 年的企业发展指数发展趋势，发现济南市企业发展过程呈现两个明显的发展阶段，第一阶段是 2010—2017 年的低速增长阶段，第二阶段是 2018—2022 年的快速发展阶段，济南市企业发展状况自 2018 年后整体步入新的发展阶段。

从构成济南市企业发展的三个分指标来看，济南市新生企业活力和城市项目活力基本代表了城市企业发展的整体状况。新生企业活力方面，本研究采用当年企业注册数目和规模以上工业企业数之比进行表示，代表了当年新生企业发展的相对发展活力。从新生企业注册数量的时间趋势来看，2010 年济南市当年企业注册数目约为 5.8 万个，至 2014 年翻一番达到 11 万个，再至 2018 年达到 22 万个，2021 年新注册企业数量达到 26 万个，新注册企业的增长以及增长速度的不断提升表明创业者对城市市场潜力和商业机会的认可，反映了济南城市的创业活力和创新能力。但新生企业活力这一相对指标在 2019 年达到峰值后出现明显下降的趋势，回落到接近 2018 年的水平。城市项目活力的变化状况与新生企业活力类似，也同样以 2017 年为转折点分为较为明显的两个阶段，在 2018 年达到峰值后略有下滑。城市新签项目个数从 2010 年的 87 个逐年上升，直至 2021 年达到 330 个，发展十分迅速，这同样反映了济南投资活动水平的飞速提升，基础设施建设、工业生产、商业服务等多个领域项目的实施有助于提升济南城市生产能力和经济产出。房地产企业一度作为城市税收最重要的支柱，所以房地产企业的稳定性在城市发展中占有重要地位，通过济南房地产开发投资完成情况的时间变化可以发现，济南房地产企业发展波动性较强，2010—2016 年，房地产企业经历极速增长后开始出现下滑的趋势。

整体来看，济南市 2010—2021 年的企业发展较为迅速，自 2018 年步入新的发展阶段后出现了一些不稳定因素，例如新生企业注册数目增长发生停滞，城市新签项目数量有些许回落，房地产企业开发投资完成额不稳定性上升等。

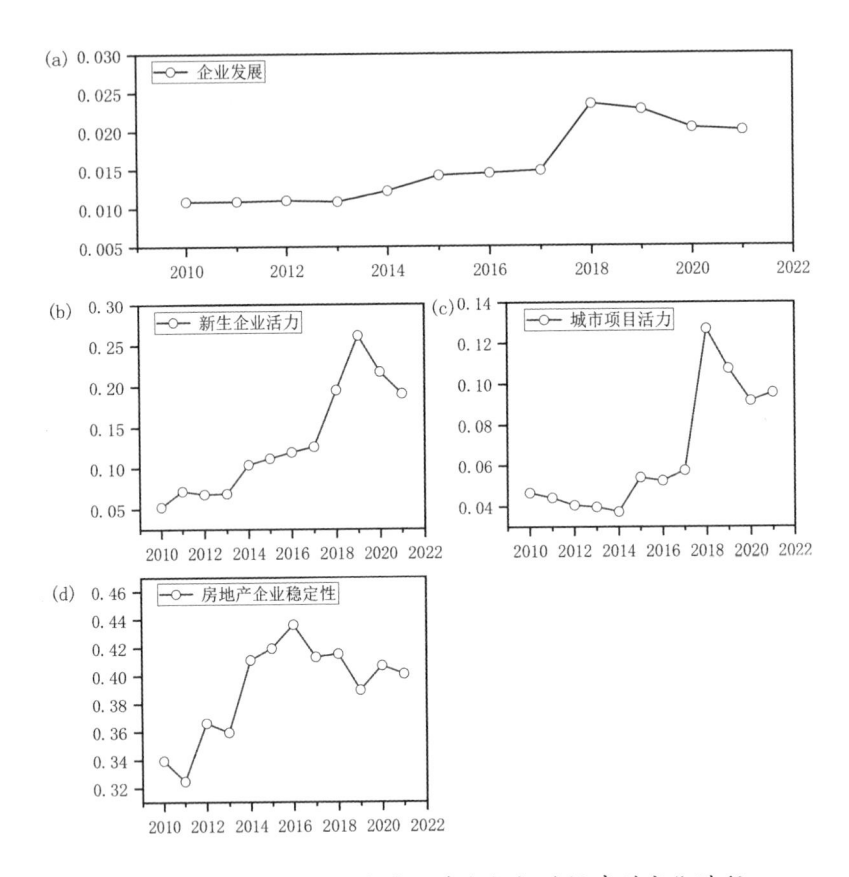

图 8-4　济南市企业发展及其分指标时间序列变化过程

(五)需求侧改革

本研究采用第三产业发展水平、零售消费强度、政府投资强度三个分指标进行聚合，形成需求侧改革综合指标。通过观察济南市2010—2022年的需求侧改革指数发展趋势，发现济南市的企业发展过程呈现两个明显的发展阶段，第一阶段是2010—2017年的快速增长阶段，第二阶段是2018—2022年的水平波动阶段，需求侧改革指数增长停滞甚至略有下降。

从构成济南市需求侧改革发展的三个分指标来看，第三产业发展水平、零售消费强度、政府投资强度三者变化趋势十分相似，均可划分为两个重要的发展阶段，第一阶段是2018年前的极速增长阶段，第二阶段为

2018年后的波动式发展阶段。其中,第三产业发展水平2018年后陷入增长失速状态。虽然2018年后第三产业的增加值仍保持正向增长,从2010年的2058亿元一路保持快速增长,于2022年达到了7426亿元,但近5年其占地区生产总值的比例一直保持不变。零售消费强度方面,2018年后更是出现明显下滑,2019年(5162亿元)和2021年(5126亿元)是零售消费稍有起色的两年,但整体未能挽回零售消费下降的趋势。在政府投资方面,地方财政一般预算内支出自2010年的336亿元至2022年的1226亿元,发生较为迅速的增长。但从近几年的政府投资强度来看,2018年后一直维持高位波动,增长势头不足。

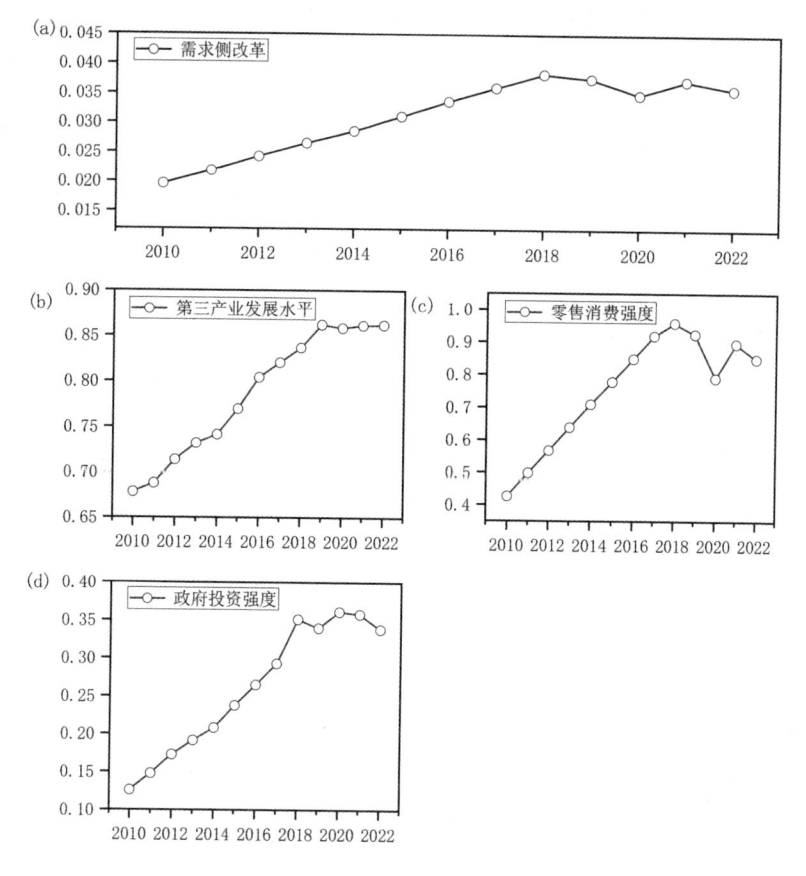

图8-5 济南市需求侧改革及其分指标时间序列变化过程

投资、消费和出口作为需求侧的三驾马车，是拉动经济数量增长，推动经济质量提升最关键的要素。服务业发展失速以及人均零售消费强度下降，体现了城市现有有效需求不足，在提振消费信心方面面临着持续的压力。在前文的对外开放部分，济南市出口额在2018年附近出现转折点，2018年后货物出口额增长迅速，这在一定程度上缓解了城市需求侧增长的颓势。另外，受新冠疫情的影响，近几年政府投资的带动作用较弱，一定程度上制约了需求侧改革的继续推进。

（六）生态文明建设

本研究采用环境污染程度、环境治理水平、生态环境状况、环境保护水平四个分指标进行聚合，形成生态文明建设综合指标。通过观察济南市2010—2022年的生态文明建设指数发展趋势，发现济南市的生态文明建设过程呈现两个明显的发展阶段，第一阶段是2010—2015年的水平波动阶段，第二阶段是2015—2022年的快速发展阶段，济南市生态文明建设状况自2019年后发生跃升，整体步入新的发展阶段。

从构成济南市生态文明建设的四个分指标来看，2010—2022年济南市环境污染程度得到显著改善，环境治理水平近些年出现明显下滑，生态环境状况和环境保护水平得到明显提升。在环境污染程度方面，本研究采用单位产出的工业废水排放量、工业二氧化硫排放量和工业烟尘排放量聚合而成，可以发现2010—2016年是济南市进行三废治理力度最大的时间段，2017年至今环境污染程度持续改善。其中，在三废治理中，对工业废水和二氧化硫排放的治理效果是最为显著的，工业废水排放在2010—2022年时段内于2013年达到顶峰，年排放量达8596万吨，随着治理力度的不断加大，排放量逐年下降，并且单位增加值的废水排放量以更快的速度减少。工业二氧化硫的排放量于 2011 年达到顶峰,年排放量达 109299 吨,经过多年的治理,2022 年创排放新低,年仅 8838 吨,十万吨级的二氧化硫排放量降至了万吨级以下,治理效果最为显著。在工业三废中,虽然单位产值的工业烟尘的排放量也呈现逐年减少的趋势,但受制于现存的烟尘治理技术,对烟尘排放量的治理效果不明显,全市烟尘排放量始终维持在 19300 吨左右。

在环境治理水平方面,本研究采用生活垃圾无害化处理率、污水处理厂集中处理率以及城市水资源重复利用率三项指标进行表征。其中,生活垃圾无害化处理率自 2014 年起全部达到了 100%。污水处理厂集中处理率呈明显递增趋势,从 2010 年的 85.19% 增长到 2022 年的 98.23%,增长幅度较大。城市水资源重复利用率的治理效果不佳,从 2010 年的 89% 直降至 2022 年的 80%,尤以 2016 年后下降幅度较大。因此,济南环境治理水平也主要可划分为明显的三个阶段,即 2010—2014 年的波动式上升阶段、2014—2019 年的剧烈下降阶段以及 2019—2022 年的缓慢上升阶段。

在生态环境状况方面,本研究采用人均公园绿地面积和建成区绿化覆盖率进行表征。济南城市生态环境状况的时间序列变化主要可分为两个阶段,第一阶段是 2010—2015 年的缓慢提升阶段,第二阶段为 2015—2022 年的快速增长阶段,尤其是自 2019 年莱芜合并至济南以后,生态环境状况得到了较大的提升。其中,人均公园绿地面积从 2010 年的 10.25 平方米增加至 2022 年的 12.94 平方米,13 年间增长约 26%。建成区绿化覆盖率从 2010 年的 37.04% 增长至 2022 年的 41.91%,13 年间增长约 3%。整体来看,城市绿化面积、比例和共享水平呈现稳定提升的趋势,生态环境状况得到持续改善,人居环境更加舒适。

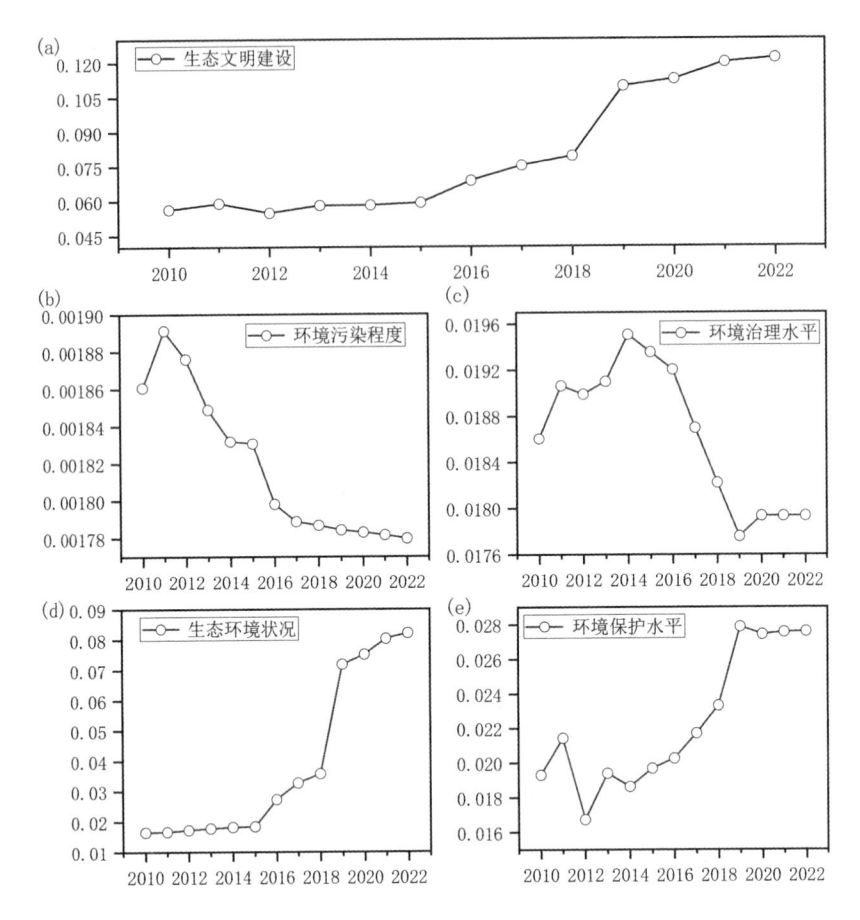

图 8-6　济南市生态文明建设及其分指标时间序列变化过程

在环境保护水平方面，本研究采用清洁能源使用率、环境卫生投资比、园林绿化投资比、供排水投资比、环境事业从业比五个分指标聚合而成。2010—2022 年，济南市的环境保护水平变化可分为三个阶段，第一阶段是 2010—2014 年波动式下降阶段，第二阶段是 2014—2019 年的快速上升阶段，第三阶段是 2019—2022 年的高水平发展阶段。从各分指标看，城市使用液化石油气和天然气的人口从 2010 年的 240 万人增加至 2021 年的 657 万人；环境卫生投资从 2010 年的 8334 万元增加至 2021 年的 33000 万元；园林绿化投资从 2010 年的 55383 万元增加至 2021 年的 140813 万元；供排水投资从 2010 年的 283653 万元缩减至 2021 年的 141655 万元；环境事业从业人员从 2010 年的 1.32 万人增加至 2021 年的 2.53 万人。

整体来看，济南市 2010—2021 年的生态文明建设取得了卓著的成效，在环境污染治理、生态环境保护和提升方面成效显著。目前的主要问题是，济南市作为一个水资源匮乏的城市，对水资源的利用效率仍需提高，对节水技术和水资源循环利用技术的使用率还不高；对工业三废中烟尘排放治理技术的投入和使用是济南生态文明建设未来要面临的一大难题，中小微企业三废治理的经济承受能力有限也将制约环境污染治理的继续施行。

(七)民生改善

本研究采用社会共享发展程度、教育保障水平、人民储蓄程度、医疗程度、养老保障水平、医疗保障水平、失业保障水平七个分指标进行聚合，形成民生改善综合指标。通过观察济南市 2010—2022 年的民生改善指数发展趋势，发现济南市的民生改善一直保持正向增长，尤其是自 2019 年后增长速度得到极大提升。

从构成济南市生态文明建设的七个分指标来看，2010—2022 年济南市社会共享发展程度、教育保障水平、人民储蓄程度、养老保障水平、失业保障水平五个指标发展均保持正向增长且增长较快，医疗程度和医疗保障水平经历一段时间的波动式变化后于近些年呈现正向高速增长。社会共享发展程度反映的是人均固定资产投资额，从 2010 年的 3.29 亿元/万人增长至 2022 年的 10.73 亿元/万人，13 年时间固定资产投资增长近两倍。教育支出方面，全市教育支出从 2010 年的 50 亿元增长至 2022 年的 250 亿元，增长约 4 倍，人均教育支出从 833 元/人增长至 4144 元/人。在城乡居民年末储蓄余

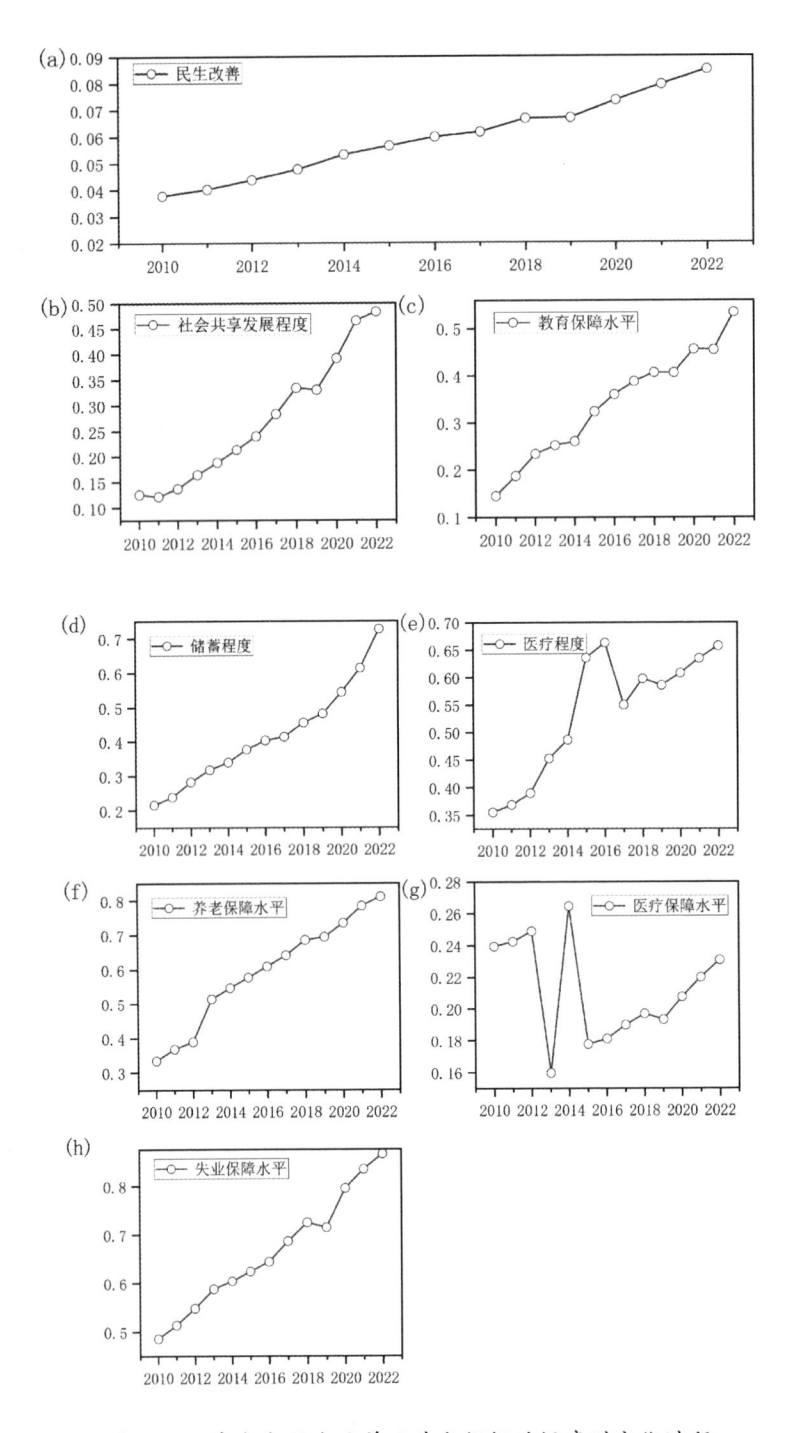

图8-7 济南市民生改善及其分指标时间序列变化过程

额方面，从 2010 年的人均 3.6 万元增长至 2022 年的人均 16 万元，增长幅度约 344%。在城镇职工基本养老保险人数方面，从 2010 年的 270 万人增长至 2022 年的 353 万人，养老保障覆盖范围进一步提升。在失业保险参保人数方面，从 2010 年的 98 万人增长至 2022 年的 235 万，增长率约 140%，失业保障水平进一步提高。在医疗程度方面，2010 年每万人拥有医生数量为 29 人，增长至 2022 年的 72 人，增长率约 148%。城镇基本医疗保险参保人数从 2010 年的 4480 人/万人增长至 2022 年的 5841 人/万人，增长率约 30%。

第二节 济南市与黄河流域沿河城市的分指标对比

在 2010—2021 年黄河流域沿河城市高质量发展的综合排名中，位列前十的城市有西安、济南、太原、郑州、呼和浩特、银川、包头、鄂尔多斯、兰州、西宁，大多数为省会城市，其次为经济较发达的城市（表 8-1）。

表8-1 黄河流域沿河城市高质量发展排名情况（前十名）

综合排名	城市	2010年排名	2021年排名	排名位次变化	变化速率（×10⁻²）	变化速率排名	黄河流域平均变化速率（×10⁻²）
1	西安	1	1	0	1.21*	3	0.59*
2	济南	5	3	2	1.56*	2	
3	太原	4	4	0	0.79*	10	
4	郑州	8	2	6	1.92*	1	
5	呼和浩特	2	6	-4	0.52*	36	
6	银川	6	5	1	0.90*	6	
7	包头	3	10	-7	0.34*	50	
8	鄂尔多斯	7	12	-5	0.56*	32	
9	兰州	9	7	2	1.17*	4	
10	西宁	11	13	-2	0.67*	16	

注：*表示变化速率在0.01水平上具有统计学意义。

济南市在57个城市中的综合排名为第2位，高质量发展水平仅次于西安。在2010—2021年的增速排名中，济南市在57个城市的排名为第2位，增长速度为0.00156，接近黄河流域平均增速的三倍，仅次于郑州的增速0.00192。2021年的高质量发展排名较2010年提升2个位次，其中2010年高质量发展排名为第5位，2021年高质量发展排名为第3位，次于西安和郑州。这说明2010—2021年济南市高质量发展水平较高，增速较快，正逐渐缩小与西安的整体差距。

(一)科技创新

在2010—2021年黄河流域沿河城市科技创新的排名中，位列前十的城市有西安、呼和浩特、西宁、济南、兰州、太原、郑州、银川、洛阳、东营，济南市在57个城市中的综合排名为第4位，位于西安、呼和浩特、西宁三城之后（表8-2）。在2010—2021年的增速排名中，济南市在57个城市的排名为第3位，约为黄河流域平均增速的两倍，次于郑州和西宁。2021年的高质量发展排名较2010年提升7个位次，是前十城市中位次提升最快的城市，其中2010年高质量发展排名为第10位，2021年高质量发展排名为第3位，次于西安和郑州。这说明2010—2021年济南市科技创新发展水平提升十分迅速，有望在未来一段时间跃居黄河流域科技创新首位城市。

表8-2 黄河流域科技创新排名情况（前十名）

综合排名	城市	2010年排名	2021年排名	排名位次变化	变化速率（×10^{-2}）	变化速率排名	黄河流域平均变化速率（×10^{-2}）
1	西安	1	1	0	0.19*	27	0.20*
2	呼和浩特	2	5	-3	0.30*	5	
3	西宁	3	4	-1	0.43*	2	
4	济南	10	3	7	0.42*	3	
5	兰州	5	6	-1	0.31*	4	
6	太原	6	7	-1	0.23*	14	
7	郑州	9	2	7	0.48*	1	
8	银川	8	9	-1	0.21*	18	
9	洛阳	11	8	3	0.23*	15	
10	东营	4	13	-9	0.09	57	

注：*表示变化速率在0.01水平上具有统计学意义。

（二）对外开放

在2010—2021年黄河流域沿河城市对外开放的综合排名中，济南市在57个城市中的综合排名为第6位，次于西安、三门峡、洛阳、郑州、新乡

（表8-3）。在2010—2021年的对外开放变化速率的排名中，大多数城市为负向变化，对外开放程度优于济南的五个城市里，除郑州市表现出比济南市更快的下降速度外，其余城市均为正向增长或者不显著下降趋势。除西安这一超大城市保持显著正向增长外，三门峡保持最快速的增长，洛阳和新乡略有下降。2021年济南的对外开放排名相较2010年下降5个位次，其中2010年对外开放排名为第4位，2021年对外开放排名为第9位，济南的对外开放下降速率（-0.0014）相较黄河流域平均变化速率（-0.0005）也更快。由此可见，黄河流域除西安外，绝大多数大城市均未免于对外开放质量的下降，中小城市对外开放水平正在慢慢发力。

表8-3 黄河流域对外开放排名情况（前十名）

综合排名	城市	2010年排名	2021年排名	排名位次变化	变化速率（×10^{-2}）	变化速率排名	黄河流域平均变化速率（×10^{-2}）
1	西安	1	1	0	0.05*	7	-0.05*
2	三门峡	8	2	6	0.15*	1	
3	洛阳	6	3	3	-0.04	28	
4	郑州	5	6	-1	-0.15*	50	
5	新乡	12	4	8	0.03	8	
6	济南	4	9	-5	-0.14*	49	
7	鄂尔多斯	9	11	-2	-0.09*	43	
8	呼和浩特	2	10	-8	-0.27*	56	
9	焦作	19	5	14	0.03	9	
10	濮阳	37	7	30	0.12*	3	

注：*表示变化速率在0.01水平上具有统计学意义。

(三)区域协调发展

在2010—2021年黄河流域沿河城市区域协调发展的综合排名中，济南市在 57 个城市中的综合排名为第 2 位,仅次于西安(表 8-4)。 在 2010—2021 年的增速排名中,济南市在 57 个城市中的综合排名为第 28 位,增长速度超过黄河流域平均增速。 2021 年的高质量发展排名相较 2010 年降低 1 个位次,其中 2010 年高质量发展排名为第 1 位,2021 年高质量发展排名为第 2 位,仅次于西安。 这说明济南市区域协调发展本底水平较高,多年来也持续保持着较为稳定的区域协调发展态势,总体与西安的区域协调发展相当。

表 8-4 黄河流域区域协调发展排名情况(前十名)

综合排名	城市	2010 年排名	2021 年排名	排名位次变化	变化速率($\times 10^{-3}$)	变化速率排名	黄河流域平均变化速率($\times 10^{-3}$)
1	西安	2	1	1	0.38*	12	0.31*
2	济南	1	2	-1	0.32*	28	
3	郑州	4	3	1	0.42*	7	
4	太原	3	7	-4	0.10	57	
5	兰州	5	5	0	0.26*	43	
6	包头	6	8	-2	0.21*	51	
7	济宁	13	4	9	0.51*	1	
8	淄博	12	10	2	0.38*	13	
9	呼和浩特	7	11	-4	0.23*	49	
10	洛阳	9	6	3	0.44*	4	

注:* 表示变化速率在 0.01 水平上具有统计学意义。

(四)民生改善

在 2010—2021 年黄河流域沿河城市民生改善的综合排名中,济南市在 57 个城市中的综合排名为第 5 位,次于鄂尔多斯、太原、银川和包头(表

8-5)。在2010—2021年的增速排名中,济南市在57个城市中的综合排名为第4位,增长速度为黄河流域平均增速的两倍,增长速度相比郑州、银川和东营较弱。2021年的高质量发展排名相较2010年提升4个位次,其中2010年高质量发展排名为第9位,2021年高质量发展排名为第5位。整体来看,济南市在2010—2021年的民生改善方面成绩较好,增速较快,是为数不多的能和资源型城市民生改善发展相提并论的大型城市。

表8-5 黄河流域民生改善排名情况(前十名)

综合排名	城市	2010年排名	2021年排名	排名位次变化	变化速率($\times 10^{-2}$)	变化速率排名	黄河流域平均变化速率($\times 10^{-2}$)
1	鄂尔多斯	6	3	3	0.34*	6	
2	太原	1	4	-3	0.26*	13	
3	银川	2	2	0	0.40*	2	
4	包头	3	7	-4	0.23*	15	
5	济南	9	5	4	0.36*	4	0.18*
6	东营	14	6	8	0.39*	3	
7	乌海	5	11	-6	0.18*	22	
8	西安	8	8	0	0.27*	11	
9	郑州	22	1	21	0.66*	1	
10	淄博	11	9	2	0.26*	12	

注:*表示变化速率在0.01水平上具有统计学意义。

(五)需求侧改革

在2010—2021年黄河流域沿河城市需求侧改革的综合排名中,济南市在57个城市中的综合排名为第4位,次于鄂尔多斯、呼和浩特和包头,紧随济南之后的城市为太原、西安和郑州(表8-6)。在2010—2021年的增速排名中,济南市在57个城市中的综合排名为第3位,增长速度远超黄河流域平均增速,次于郑州和兰州。2021年的高质量发展排名相较2010年提升3个位次,其中2010年高质量发展排名为第4位,2021年跃居需求侧改革排名第1位。大多数城市受新冠肺炎疫情的影响,需求侧的改革效率遭遇严重的挫折,在需求侧改革前十名的城市中有六个城市的位次发生下滑,反观济南的供给侧结构性改革在新冠肺炎疫情及疫情后仍能保持一定的平稳性,说明2010—2021年济南市需求侧改革经历了较高质量的发展,成为济南逆势反超黄河流域其他大型城市的一大优势和亮点。

表8-6 黄河流域需求侧改革排名情况(前十名)

综合排名	城市	2010年排名	2021年排名	排名位次变化	变化速率($\times 10^{-2}$)	变化速率排名	黄河流域平均变化速率($\times 10^{-2}$)
1	鄂尔多斯	2	3	-1	0.10*	25	
2	呼和浩特	1	7	-6	0.08	51	
3	包头	3	8	-5	0.11	17	
4	济南	4	1	3	0.17*	3	
5	太原	5	6	-1	0.14*	7	0.10*
6	西安	6	5	1	0.16*	4	
7	郑州	10	2	8	0.26*	1	
8	兰州	7	4	3	0.20*	2	
9	淄博	9	13	-4	0.09	36	
10	乌海	11	11	0	0.14*	9	

注:*表示变化速率在0.01水平上具有统计学意义。

(六)生态文明建设

在2010—2021年黄河流域沿河城市生态文明建设的综合排名中,济南市在57个城市中的综合排名为第3位,次于太原和郑州,强于西安等其他省会城市(表8-7)。在2010—2021年的增速排名中,济南市在57个城市中的排名为第1位,增长速度接近黄河流域平均增速的6倍。2021年的高质量发展排名相较2010年提升6个位次,其中2010年高质量发展排名为第7位,2021年高质量发展排名为第1位。这说明2010—2021年济南市生态文明建设发展水平较高,增速较快,并迅速成为生态文明建设蓬勃发展的最热门的城市之一。

表8-7 黄河流域生态文明建设排名情况(前十名)

综合排名	城市	2010年排名	2021年排名	排名位次变化	变化速率(×10⁻²)	变化速率排名	黄河流域平均变化速率(×10⁻²)
1	太原	1	4	-3	0.37*	4	0.11*
2	郑州	12	2	10	0.59*	2	
3	济南	7	1	6	0.60*	1	
4	西安	2	3	-1	0.40*	3	
5	包头	4	8	-4	0.17*	13	
6	银川	5	5	0	0.18*	11	
7	乌海	11	9	2	0.21*	7	
8	呼和浩特	3	10	-7	0.06	44	
9	兰州	6	6	0	0.24*	5	
10	淄博	8	7	1	0.18*	12	

注:*表示变化速率在0.01水平上具有统计学意义。

(七)企业发展

在2010—2021年黄河流域沿河城市企业发展的综合排名中,济南市在57个城市中的综合排名为第6位,次于西安、郑州、银川、平凉、西宁

(表8-8)。在2010—2021年的增速排名中,济南市在57个城市中的排名为第2位,而在黄河流域企业发展前十名中的增长速度排名第一,增长速度接近黄河流域平均增速的7倍。2021年的高质量发展排名相较2010年提升15个位次,其中2010年高质量发展排名为第20位,2021年高质量发展排名为第5位,仍次于西安、平凉等城市。这说明2010—2021年济南市企业发展从原来的中等水平发展为现今的黄河流域城市领先水平,增速迅猛,正逐渐缩小与西安、郑州等城市的整体差距。

表8-8 黄河流域企业发展排名情况(前十名)

综合排名	城市	2010年排名	2021年排名	排名位次变化	变化速率($\times 10^{-3}$)	变化速率排名	黄河流域平均变化速率($\times 10^{-3}$)
1	西安	1	1	0	1.02*	3	0.18*
2	郑州	2	6	-4	0.30	25	
3	银川	3	18	-15	-0.23	46	
4	平凉	4	4	0	0.60*	13	
5	西宁	11	7	4	0.30	24	
6	济南	20	5	15	1.18*	2	
7	呼和浩特	9	20	-11	0.07	34	
8	太原	14	12	2	0.43*	20	
9	庆阳	23	13	10	0.27	26	
10	定西	25	8	17	0.63*	10	

注:*表示变化速率在0.01水平上具有统计学意义。

(八)济南和其他强竞争力城市对比总结

整体来看,在2010—2021年黄河流域57个城市的高质量发展竞争中,济南具有较强的竞争力,且竞争力逐年上升。综合与各大城市的对比，济南在黄河流域最有力的竞争城市有西安、郑州、太原和呼和浩特。济南的高质量发展水平整体稍弱于西安，基本与郑州持平，略强于太原和呼和浩特。

西安在科技创新、对外开放、区域协调发展、企业发展四个方面具有绝对优势，无论是整体排名还是前后位次变化均处于领先水准。西安在民生改善、需求侧改革、生态文明建设方面稍弱，但仍保持在 5—10 名左右的位次。济南与西安的各项数据对比显示，济南的区域协调发展水平与西安旗鼓相当；民生改善水平整体强于西安 3 个位次，增长速度也远快于西安；需求侧改革发展速度与西安处于同一水平，综合排名整体强于西安 2 个位次；生态文明建设综合排名略高于西安 1 个位次，发展速度快于西安。

济南和郑州的高质量发展情况较为类似，在科技创新、区域协调发展、民生改善、需求侧改革、生态文明建设五个领域的发力方式和变化趋势具有较高的相似性。科技创新方面，2021 年济南和郑州分别位列第二和第三，均相较 2010 年提升 7 个位次，但济南整体科技创新水平强于郑州。区域协调发展方面，2021 年济南和郑州分别位列第二和第三，郑州区域协调发展增速快于济南。民生改善方面，济南和郑州均保持正向快速增长，济南整体民生改善水平强于郑州 4 个位次，但郑州民生改善的变化速率远快于济南。需求侧改革方面，济南和郑州均保持正向快速增长，济南整体需求侧改革水平强于郑州 3 个位次，但郑州需求侧改革水平的变化速率远快于济南。生态文明建设方面，2021 年济南和郑州分别位列第一和第二，相较之前分别提升 6 个和 10 个位次，济南整体生态文明建设发展速率略强于郑州。在对外开放方面，济南和郑州都呈现明显的下降趋势，对外开放整体水平济南弱于郑州2个位次。在企业发展方面,郑州综合排名强于济南4个位次,但济南增长速率远快于郑州,在2021年基本达到和郑州同等水平。

将济南与个别领域具有发展优势的城市进行对比,结果显示,呼和浩特在科技创新和需求侧改革方面要强于济南,均强于济南2个位次;鄂尔多斯在民生改善和需求侧改革方面要强于济南,分别强于济南4个和3个位次;太原市在民生改善和生态文明建设方面要强于济南,分别强于济南3个和2个位次。

第三节 黄河流域发达城市高质量发展经验和启示

一、国家科学中心和科技创新中心:西安科技创新成为经济发展强引擎

陕西省会西安市于2022年底正式获批建设综合性国家科学中心和科技创新中心,成为继北京、上海、粤港澳大湾区后全国第四个"双中心"城市。其中,西安综合性国家科学中心构建"一核两翼"空间布局,西安国家科技创新中心构建"一核一圈一带"空间布局。"双中心"建设将科技

创新摆在发展全局的核心位置，强化打造了"基础研究—技术攻关—成果转化—科技金融—人才支撑"的全链条创新体系，成为硬科技创新、新兴产业和顶尖人才的集聚高地。济南在"十四五"规划中提出创建综合性国家科学中心，参考西安市的科技创新发展经验，可为提升济南科技创新实力提供经验启示。本研究系统梳理总结了西安市科技创新方面的先进经验，可具体分为以下几个方面。

（一）一切政策都是为了提升科技创新实力总量

西安科技创新的核心目标是全面提升科技创新实力总量。西安通过建设重大科技创新平台体系，包括国家超算中心、国家分子医学转化科学中心等，强化了基础研究能力，为科技创新提供了坚实的基础。这些平台不仅作为科技创新的策源地，也是推动科技成果转化和产业化的重要基地，直接提升了科技创新的总体实力。西安在关键领域如电子信息、新能源汽车、航空航天等实施了关键核心技术攻关计划，这些领域的核心技术突破，增强了产业的自主创新能力，促进了产业升级和经济结构优化，进一步增强了科技创新的深度和广度。西安通过秦创原创新驱动平台建设，推动了产业链和创新链的深度融合，构建了"一总两带"的创新格局，加速了科技成果的转化应用，促进了产业集群的形成，提升了科技创新的综合实力。在企业创新方面，西安实施了科技型企业群体倍增计划，通过高新技术企业培育库和新经济高成长企业外引内培工程，培育了一批创新能力强、掌握核心技术的科技型企业，这些企业成为推动科技创新的重要力量。科技创新离不开金融的支持，西安推动了科技金融产品创新，通过设立科技型企业拟上市培育库、发展科技融资租赁等措施，为科技创新提供了资金保障，促进了科技与金融的深度融合。最后，西安还注重营造创新创业氛围，通过"科创西安"系列活动，提升了品牌影响力，吸引了全球关注，同时加强科普和创新创业教育，提升全民科学素养，为科技创新提供了良好的社会环境。西安的科技创新政策形成了一个有机整体，从基础研究到产业应用，从企业培育到人才引进，从金融支持到社会氛围营造，每一个环节都紧密相扣，共同推动了科技创新实力总量的提升。

(二)一切政策都是为了挖掘科技创新深度

西安科技创新致力于挖掘科技创新深度，这体现在对关键技术领域的深入研究和系统布局上。通过支持高校和研究机构在数学、物理等重点基础学科的建设，以及在电子信息、高端装备、航空航天等领域的重大科学问题研究，为科技创新打下了坚实的基础。面向现代产业体系实施关键核心技术攻关计划，这包括在电子信息、新一代汽车、航空航天等产业中组织重大关键共性技术攻关和重大产品开发。例如，西安在光子技术、第三代半导体、专用芯片等方向进行深入研究，力求在这些高技术领域实现自主可控的技术突破。注重产业链的强链补链工程，通过精准推动重大科技成果转化产业化，加强产业链的关键环节，形成产业链上中下游的协同创新，提升产业链的整体竞争力。这一过程中，西安特别强调了企业作为创新主体的作用，通过实施科技型企业梯度培育和高新技术企业倍增计划，鼓励企业增加研发投入，培育一批具有国际竞争力的科技型企业。西安科技创新规划通过一系列前后连贯、逻辑清晰的政策措施，从基础研究到产业应用，从企业培育到科研环境建设，从金融支持到社会氛围营造，全方位挖掘科技创新的深度，力求在关键技术领域实现重大突破，推动科技创新向更深层次发展。

(三)一切政策都是为了促进科技创新的协同发展

西安科技创新的核心之一是促进科技创新的协同发展，这一点通过一系列综合性措施得到了体现，旨在构建一个多方参与、资源共享、优势互补的创新生态系统。首先，促进创新资源的整合和开放共享。西安通过建设国家新一代人工智能创新发展试验区、国家硬科技创新示范区等重大战略平台，打造开放创新的空间，汇聚重大科技创新资源。这些平台不仅是科技创新的高地，也是促进不同创新主体之间协作的桥梁。其次，提出了区域创新发展协同计划，支持主城区转型升级，加强县域服务体系建设，增强开发区与区县科技创新发展的协调性、联动性和整体性。例如，通过支持雁塔区建设人工智能未来计算产业园，打造人工智能产业创新基地，以及推动碑林环大学硬科技创新街区建设，这些都是促进区域内不同创新主体协同发展的具体做法。再次，强调跨区域创新资源流动机制的建立。通过支持高新区、开发区与中心城区、周边区县探索跨区域创新流动与补偿机制，鼓励形成"核心区+托管区""园区研发—飞地制造"等合作模式，建设异地孵化、飞地园区、伙伴园区等，推动创新资源高效配置。同时，西安提出高水平科创合作圈构筑计划，这包括推进西咸科技创新一体化，建设区域创新共同体，加强国际科技合作。例如，通过推进西咸新区和西部科技创新港建设，打造重大创新平台，为全省双链融合发展探索路径、做出示范。此外，注重企业创新联合体的建设。通过支持行业龙头骨干企业组建体系化、任务型的创新联合体，链接产业链内大中小创新单元，承担重点专项和重点研发计划，促进"应用基础研究、技术开发、成果转化、应用示范"一体化发展。提出加强要素流通配置，实施一流创新创业生态培育计划。这包括推动技术要素市场化发展、释放科技金融融通活力、加强知识产权服务创新、加强重大改革示范试验区建设、营造创新创业浓厚氛围等措施，这些都是为了构筑一流的创新创业生态，进一步促进科技创新的协同发展。西安科技创新规划通过整合创新资源、推动区域协同、建立跨区域合作机制、建设企业创新联合体以及培育创新创业生态等措施，形成了一个全方位、多层次、宽领域的协同创新体系，旨在通过促进不同创新主体之间的合作与交流，实现科技创新的深度融合和协同发展。

（四）一切政策都是为了留住和引进科技人才

人才是推动科技创新的关键因素，西安拥有世界级的高水平院校和科研院所，是人才培育的高地，为了使人才不外流以及尽可能多地吸引人才，西安科技创新政策设计始终围绕如何留住和引进科技人才展开。通过实施"西安英才计划"来吸引和培育人才，该计划采取灵活多样的引才方式，包括平台引才、项目引才等，旨在吸引不同领域的高层次人才和团队。提出了加强与驻地高校的合作，鼓励校企合作，设立博士后等创新岗位，并通过国家和省级基金项目、科技专项等多渠道拓展资金来源，为青年科技人才提供良好的成长和发展平台。同时，西安市强调对青年英才的信任和支持，鼓励他们带着研究成果创业，以此激发青年人才的创新活力和潜力。在引进海外人才方面，抢抓海外华人回流的机遇，依托国际科技合作基地、海外人才离岸创新创业基地等平台，发挥国际交流大会等平台的效应，加强国际化人才的引进和培养。西安还实施了"国家外国专家项目"及"西安市海外高层次人才引智项目"，重点支持科技企业引进外籍专家和海归人才。为了营造一个有利于人才发展的良好环境，西安提出了创建国家级人才管理改革试验区，完善人才选引育留用的机制。这包括深化科技人才分类评价改革，克服"四唯"倾向，建立以创新能力、质量、实效、贡献为导向的科技人才评价体系。此外，还支持创新平台开展人才引进、评价和薪酬改革试点，建立符合市场化机制和国际惯例的人才治理体系。注重打通人才流动渠道，支持高校院所与企业开展人才"双聘"，并提升人才公共服务质效，构建多层次的人才服务体系，推动人才子女就学、住房安居、医疗保障等政策的"一网通办"，布局建设国际化人才社区。西安通过营造创新创业浓厚氛围，提升"科创西安"品牌影响力，整合资源组织各类科技活动，吸引全球顶级赛事落地西安，完善"以赛代评"机制，吸引优质人才和项目团队落地西安。同时，加强科普和创新创业教育，办好科技活动周，建设科普教育基地，提升全民科学素养，为科技人才的成长提供良好的社会环境。

二、自贸试验区高质量发展助力郑州实现高水平对外开放

中国（河南）自由贸易试验区郑州片区2017年4月挂牌成立。围绕"可复制可推广的制度创新"这一定位要求，郑州片区在跨境电商、多式联运、金融开放等重点领域推进系统集成化创新，累计形成316项创新成果，其中全国首创50项，全省首创79项。"探索创意产业全链条保护机制""成功设计发行全国银行间市场首单类REITs产品"等6项创新成果入选河南自贸试验区第四批最佳实践案例。聚焦制度型开放核心领域，在"五大专项""四条丝路"等方面形成规则、规制、管理和标准等创新成果233项。河南自贸试验区郑州片区，正成长为新时代郑州改革开放的新高地。本研究总结了中国（河南）自由贸易试验区郑州片区的一些先进经验，以对实现高水平对外开放提供经验启示。

（一）实现高水平对外开放重在制度创新和深化改革

郑州自贸区在制度创新方面取得了显著成就，这些创新不仅提高了行

政效率，而且为企业提供了更加便利的发展环境。一是积极打造跨境电商零售进口退货中心仓模式。郑州自贸区创新性地建立了跨境电商零售进口退货中心仓，消费者退货包裹直接进入保税区，在区内完成分拣、退货申报和上架等流程，降低企业运营成本的同时缩短了退货周期，提升了消费者的购物体验。例如，退货周期从原来的 20 天缩短至 15 天以上，显著提高了效率。二是实施一码集成工作服务。通过实施"一码集成服务"，郑州自贸区简化企业在多个部门间的信息申报流程，实现数据的一次申报、多次使用，极大地提升了企业运营效率。三是优化政策支持体系。郑州自贸区出台了《河南省合格境外有限合伙人试点暂行办法》，这一政策为境外投资者提供了更多便利，鼓励更多的外资进入自贸区，增强了区域的国际竞争力。

郑州自贸区在深化改革和创新驱动方面的努力，为企业提供了充满活力和便利的商业环境。一是实施一网通办改革。通过实施"一网通办"，郑州自贸区实现了政务服务的线上化，简化了企业的办事流程，将企业开办时间压缩至 1 个工作日，极大提升了行政效率。二是创新证照分离工作方式。"证照分离"改革减少了企业在成立和运营过程中需要办理的行政审批事项，使得企业能够更加专注于核心业务的发展。三是坚持创新驱动，通过研发新技术、探索新模式，推动产业升级。例如，郑州片区研发的航空集装货物整板运输车，提高了航空货运的效率和安全性。通过这些具体的制度创新和深化改革措施，郑州自贸区不仅提升了自身的服务能力和竞争力，而且为企业提供了一个更加开放、便利、高效的营商环境，促进了区域经济的快速发展。

(二) 开放平台搭建和区域协同发展

郑州自贸区在构建开放平台和促进国际合作方面的努力，显著提升了其作为国际交通枢纽的地位，并加强了与全球市场的联系。郑州自贸区建立了跨境电商平台，通过该平台，企业能够更便捷地进行跨境交易，促进了商品和服务的全球流通。例如，郑州的"跨境电商零售进口正面监管模式"和"退货中心仓模式"等创新案例，提高了跨境电商的效率和消费者的购物体验。郑州自贸区推进了多式联运的发展，建立了国际物流中心，实现了空、铁、公、海等多种运输方式的有效衔接。通过举办如全球跨境电商大会、中国（郑州）国际期货论坛等国际会议，郑州自贸区吸引了来自世界各地的企业和专家，促进了知识和经验的交流，加强了国际合作。郑州自贸区建立了"一带一路"国际中心和"一带一路"文化产业孵化基地，这些平台不仅促进了国际文化交流，还为国际合作项目提供了孵化和成长的环境。

郑州自贸区在区域协同和国际物流通道建设方面的举措，为区域经济发展提供了新的动力，并促进了与全球经济体的联通。郑州自贸区与周边地区形成了协同发展机制，通过资源共享、优势互补，推动了区域经济的整体发展。例如，郑州与沿海港口的衔接，通过铁海联运等方式，加强了与"海上丝绸之路"的联系。郑州机场作为空中丝绸之路的重要节点，通过新增货运航线和航空公司，增强了与全球主要经济体的空中联系。郑州机场的货邮吞吐量显著增长，体现了其在国际航空货运中的重要地位。中欧班列（中豫号）的开行，为郑州与欧洲等地区提供了稳定的陆路运输通道。这一通道不仅促进了货物的快速流通，也加强了郑州与沿线国家和地区的经济合作。郑州自贸区通过发展跨境电商，打造了便捷的网上丝绸之路。通过线上平台，郑州能够更有效地连接国内外市场，实现"买全球卖全球"的目标。郑州通过海铁联运等方式，加强了与海上丝绸之路沿线国家和地区的联系。这种多式联运模式，为郑州提供了更多元化的国际物流解决方案。通过这些开放平台和国际合作的举措，郑州自贸区在提升自身国际影响力的同时为区域经济发展和全球贸易往来提供了强大的支持和便利。

(三) 招商引资和重点产业集聚共同发力

郑州自贸区在重点领域的发展策略和产业集聚效应，推动了区域经济高质量发展。郑州自贸区在跨境电商领域实施了一系列系统集成化创新，如"跨境电商零售进口正面监管模式"和"退货中心仓模式"，这些创新不仅提高了跨境交易的效率，还吸引了大量电商企业入驻，形成了产业集聚。金融领域的开放为郑州自贸区吸引了众多金融机构和投资者。例如，郑州商品交易所开展的期货标准仓单买断式回购交易业务，为企业提供了低成本资金，促进了产业链的发展。高端装备和汽车制造产业在郑州自贸区得到了快速发展，形成了千亿级产业集群。这些产业的发展提升了郑州的制造业水平，吸引了相关配套企业，进一步推动了产业集聚。现代物流业和数字经济作为郑州自贸区的主导产业，通过政策支持和技术创新，实现了快速发展。其中物流业营业收入突破 2000 亿元，金融业增加值达到 400 亿元，显示了产业集聚的经济效益。

郑州自贸区的招商引资策略和项目落地情况，体现了其在促进区域经济发展方面的积极作用。例如，郑州自贸区通过线上招商周推介和赴各地开展招商活动，成功吸引了多个重大项目。这些活动一方面提高了郑州自贸区的知名度，另一方面为区域经济发展注入了新动力。通过招商引资，郑州自贸区引进了如富泰华 5G 手机精密机构件、上汽集团云计算软件研发中心等重大项目，这些项目不仅带来了外资，也促进了外贸增长。超聚变、阿里巴巴等大型企业集团总部或区域总部的落户，不仅提升了郑州自贸区的企业层次，也带动了税收超亿元楼宇的培育，形成了总部经济。随着重大项目的落地和企业总部的集聚，郑州自贸区的产业链得到了进一步完善。这不仅提高了区域经济的整体竞争力，也为产业集聚提供了良好的发展环境。通过重点领域与产业集聚发展以及招商引资与项目落地的策略，郑州自贸区实现了自身的快速发展，为区域经济的高质量发展提供了坚实的基础和动力。通过重点领域的创新和产业集聚，郑州自贸区创造了有利的商业环境和产业生态，这为招商引资和项目落地提供了吸引力；而重大项目的引进和企业总部的集聚，又进一步推动了重点领域的发展和产业的集聚，形成了良性循环。

三、太原市以生态文明建设成就绿色发展优势

太原市在党的十八大以来把生态文明建设放到全市的重中之重来布局、谋划和投入，2010年以来累计投入387亿元用于生态建设、国土绿化，真正使绿色成为太原这座北方工业城市的底色。多年来，太原市坚持"政府主导、全民参与、共建生态"和"山上治本、身边增绿、造管并重、提质增效"的发展思路，以创建国家森林城市、国家生态园林城市、全国绿化模范城市为主线，统筹山水林田湖草系统治理，实现了"三县一市"由生态脆弱区向生态良好区转变、城六区由生态林业向景观林业的发展转变，从而达到了人与自然和谐共生。

(一)生态环境综合治理和科学规划

太原市在生态文明建设中采取了科学规划和综合治理的方法，这体现在多个方面。针对水环境治理，太原市实施了"九河"综合治理工程，这

是一个全面改善城市水系的系统工程。通过敷设雨污水管线326公里，新建快速路184公里，以及建成两岸250万平方米的绿色景观带，不仅提升了水质，还改善了城市景观，形成了连接城市中心区及东西山地区的重要交通及景观通道。此外，太原市还通过汾河生态修复治理三期、四期工程，形成了43公里生态景观长廊，全面消除了劣V类水体，显著提升了生态文明建设的成效。在大气污染防治方面，太原市以"转型、治企、减煤、控车、降尘"为重点，立足四大结构调整，不断提高科学治污、精准治污、依法治污能力。通过坚持不懈进行降尘污染防治攻坚，太原市的扬尘污染得到了有效控制，环境空气质量持续改善。土壤修复方面，太原市推进土壤污染防治工作，明确了重点企业用地调查对象，建立了疑似污染地块名录，并加强了源头管控，稳步推进污染场地土壤治理与修复，确保了农用地和建设用地土壤环境安全。

太原市在生态修复与系统保护方面采取了政府引导、市场运作的模式，有效修复了受损的山体和生态系统。西山生态修复治理项目是其中的典型例子。通过累计投资110亿元，修复山体230万平方米，初步形成了30处城郊森林公园环城的景观格局。此外，太原市还贯通了全长230公里的东西山旅游公路暨自行车赛道，这不仅提升了城市绿化水平，还在观光旅游、体育健身、森林防火等方面发挥了巨大作用。此外，太原市还大力实施了水生态修复工程、蓄水工程、谷坊工程、滚水坝工程等，消减上游洪峰量，减少泥石流的发生，减轻下游洪水的负担，林草覆盖率达到75%以上。这些措施共同构建了一个生态良好、环境优美的绿色围城大生态。通过这些综合治理和生态修复措施，太原市不仅改善了环境质量，还提升了城市的生态功能和居民的生活质量，为生态文明建设提供了有力的支撑。

(二)重大生态项目推进和产业结构优化升级

太原市通过推进重大生态项目，显著改善了城市生态环境和居民生活质量。"九河"综合治理项目是太原市生态文明建设的标志性工程之一，总投资达到278亿元。该项目的实施包括了雨污水管线的敷设，这不仅提高了城市污水处理能力，还有助于减少城市内涝和水体污染。同时，新建的快速路提高了城市交通效率，缓解了交通压力，而两岸250万平方米的绿色景观带建设，不仅美化了城市环境，还为市民提供了休闲和活动的绿色空间。此外，太原市还实施了汾河生态修复治理工程，通过三期、四期工程的实施，形成了43公里的生态景观长廊，全面消除了劣V类水体，极大提升了汾河太原段的生态环境质量。

太原市在生态文明建设方面也同样注重产业结构的优化升级，以实现经济的可持续发展。太原市大力推动了产业结构的调整，关停了一批高污染、高耗能的企业，如西山矸石电厂、太化、煤气化、太原第一热电厂等310多家污染企业，有效扭转了市区工业结构性污染问题。在引入和发展新产业方面，太原市聚焦"六新"突破，即新基建、新技术、新材料、新装备、新产品、新业态，积极构建现代化经济体系。例如，太原市在新材料产业方面取得了显著成就，2019年全市新材料产业产值达到900亿元，形成特种金属材料、化工新材料、碳基新材料等特色产业集群。在高端装备制造领域，太原市的轨道交通装备、煤机成套设备等产业体系表现突出，年产值实现122亿元。太原市还大力推动了以信息创新为重点的产业发展，中国长城智能制造（山西）基地项目的投产，预期将形成年产100万台整机、20万台服务器的能力，远期可形成产值300亿元的信创产业集群。这些产业结构优化升级的措施，不仅促进了经济的绿色转型，还为太原市的高质量发展注入了新的动能。

(三)政策法规和环境监测的同步发力

政策和法规为太原市生态文明建设的推进提供了坚实支撑。例如,《太原市水污染防治工作方案(2016—2020年)》是专门针对水环境治理制定的政策文件,它明确了水污染防治的目标、措施和时间表,为改善汾河等水体的水质提供了明确的指导和规范。此外,太原市还出台了《太原市水体达标方案》和《汾河流域生态保护与修复总体方案》,这些政策文件共同构成了一个系统化的水环境治理框架。在大气污染防治方面,太原市实施了"1+30"城市大气污染防治联防联控措施,通过考核奖惩手段,不断提高科学治污、精准治污、依法治污的能力。这些措施涵盖了产业结构调整、能源结构调整、运输结构调整和用地结构调整等多个方面,全面落实了大气污染防治工作。

在环境监测和管理方面,太原市建立了一个覆盖全市的环境质量监测网络。这个网络包括了多个国控、省控和市控的空气质量自动监测站点,以及水质自动监测站点。例如,建成了汾河水库出口、上兰、韩武村等国考水质自动监测站,以及李八沟、扫石桥等省考水质自动监测站,这些站点可以实时监测汾河流域太原段的水质状况。此外,太原市还建立了322个道路环境空气在线监测点,以及VOCs(挥发性有机物)自动监测站和颗粒物组分网自动监测站,形成了国家、省、市三级考核和监控网络。这些监测站点的建立,使得太原市能够全面及时准确地掌握环境空气质量和地表水环境质量的状况,客观评价各区域的环境质量。通过这个监测网络,太原市能够及时发现环境问题并采取相应的管理措施。例如,通过监测数据,太原市可以对污染源进行清单化管理,推动形成权责清晰、监控到位、管理规范的入河排污口监管体系。同时，太原市还实施了排污许可证制度，对重点污染源进行在线监控，确保环境管理的科学性和有效性。

第四节 济南市生态保护和高质量发展思路和策略

(一)科技创新

济南市作为山东省的省会，正处于科技创新发展的关键时期。济南市在科技创新方面虽然取得了显著进步，但仍存在一些不足之处。一是科研经费投入比例相比国内先进城市仍有较大的差距。例如，2022年济南、南京、广州、西安、杭州的研发经费支出（R&D）占地区生产总值比重分别为2.88%、3.82%、3.43%、5.23%、3.86%。济南市研发经费投入强度暂未突破3%大关，科研项目的规模和质量，以及科技创新的整体进程距离先进城市仍有较大差距。二是科研成果产出的稳定性有待提高，激励机制尚待完善，不利于科技创新的连续性和积累性。以上结果导致科研投入产出效率整体较低，表现在科研资源的配置和利用上还存在不足，这需要进一步提高科研资金的使用效率和管理水平。三是在科研平台的构建和活力激发方面还存在弱项短板。科研平台是科技创新的重要载体，需要进一步加强平台建设，提高平台的开放性、共享性和服务能力。同时，激发科研平台的活力,吸引更多的科研人员和团队参与,形成良好的科研生态。济南市尚未形成强大的标志性的"研发—转化—投资—生产—入市"科技创新链条,因此迫切需要构建完善的科技创新链条,以促进科研成果的快速转化和产业化,加速科技创新与经济发展的深度融合。

本研究针对济南市科技创新,提出如下几条建议。

一是建强科技创新平台。济南市《关于加快"科创济南"建设全面提升科技创新能力的若干政策措施》中提到,济南市全力争创综合性国家科学中心,高标准建设齐鲁科学城,并构建大科学装置群,支持高水平实验室和跨学科前沿交叉研究平台的建设。济南市应以建强科技平台为抓手,继续增加财政科技投入,确保科研经费的稳定增长,并探索多元化的资金筹集渠道,如吸引社会资本参与。要构建产业化平台体系,实现科技成果与企业需求高效对接、创新产品与市场需求无缝联接,打通创新链"堵点"。

二是营造串联有序的科技创新生态。根据《山东省"十四五"科技创新规划》,济南市应构建完善的科技创新制度体系,打造全区域、全要素、全链条、全社会的创新生态圈,增强科技创新对建设现代化强省的支撑引领作用。应以政府为主导,通过政策引导和资金支持,搭建起一个开放共享的科研平台体系,在促进科研机构之间合作的同时吸引更多的企业参与到科技创新中来。应强化产学研用一体化发展,通过与高校、科研院所的紧密合作,将基础研究成果快速转化为实际应用,同时鼓励企业加大研发投入,提升自主创新能力。

三是以人才队伍促进人才生态。应通过优化人才政策,吸引和留住高层次科技人才,为科技创新提供智力支持。高级科技人才本就是一个微型科技生态。应依托科技驱动平台，充分发挥国家技术转移人才培养基地等平台作用，培育和引进一批具有专业素养、投行思维的高水平科技经纪人，发展"教授经纪人"，并结合济南市人才计划给予一定支持。

四是将数字经济发展放在关键位置上。根据《"十四五"数字经济发展规划》，数字经济已成为国民经济发展的新动能，尤其在疫情期间，数字经济的支撑作用尤为显著。济南市应积极响应国家政策，加强数字基础设施建设，提升数字技术水平，并创新应用场景以促进经济转化。济南市在推动数字经济发展时，应补短板与铸长板并重，既要突破关键技术瓶颈，又要抓住新一轮科技革命和产业变革的机遇。同时，应注重消费端与产业端的平衡，推动产业互联网的发展，并在保证供应链顺畅运行的同时，充分利用全球资源，形成国内国际双循环相互促进的新发展格局。此外，还应加大数字科技研发投入，推动数字技术标准制定，支持科技成果产业转化，创造公平竞争发展环境，完善数字经济产业生态，加强数字科技普惠赋能，并完善数字经济法律体系。

(二)对外开放

济南市在对外开放方面取得了一定的进展，货物出口规模逐年上升，但与国内一些大城市相比，其出口规模尚未达到显著的量级，有竞争力的货物出口仍然存在不足。这可能与本地产业结构、产品竞争力、国际市场开拓能力以及贸易便利化水平等综合因素有关。此外，外商投资的水平也相对较低，国外投资企业数量和投资资金规模与一线城市相比存在明显差距。这反映出济南市在吸引外资方面还存在一些制约因素，如投资环境的国际化程度、市场准入限制、政策透明度和稳定性等，这些因素可能会对外商投资者的决策产生影响。

针对这些问题，济南市需要进一步深化对外开放政策，优化贸易结构，提升本地产业的国际竞争力，加强国际市场开拓力度，提高贸易便利化水平。同时，需要改善投资环境，提升政策的透明度和稳定性，进一步放宽市场准入，吸引更多的外商投资，增加国外投资企业数量和投资资金规模。通过这些措施，济南市可以逐步解决对外开放中存在的问题，提升其在国际贸易和投资中的地位。

济南市在扩大对外开放、增强货物出口竞争力以及吸引外商投资方面，可以采取一系列相互衔接的政策措施。

一是为了持续扩大货物出口，济南市应依托其产业优势，通过政策引导和财政支持，鼓励企业进行技术创新和产品升级。聚焦关键领域如新一代信息技术、生物医药等，探索制度创新，加快建设现代化产业体系，维护产业链供应链的安全稳定。同时，加强与国际市场的对接，通过参与国际展会、建立海外营销网络等方式，拓展出口渠道。此外，济南市还可以通过优化贸易结构，发展高附加值的产品和服务贸易，提高整体出口效益。

二是在吸引外商投资方面，济南市需要打造国际化、便利化的营商环境。这包括简化外商投资审批流程，提供清晰的政策指导和高效的行政服务。可通过建立外商投资促进机构，为外国投资者提供一站式服务，包括市场调研、项目选址、法律咨询等，降低其投资门槛和风险。此外，济南市应进一步开放市场，特别是在高新技术产业和现代服务业等领域，吸引更多的外资进入。通过提供有吸引力的投资政策，如税收优惠、土地使用优惠等，增加外商投资的吸引力。济南市需要借助自贸试验区的制度优势，对标国际标准，构建一流的营商环境，吸引和留住外国投资者。这包括优化综合服务环境，使自贸试验区成为贸易投资便利、行政效率高、服务管理规范、法治体系完善的区域。

三是要推进高水平的制度型开放，通过体制机制创新，加大区域吸引力和辐射力。济南市应通过贸易便利化改革，积极参与全球治理体系的变革，强化全球资源配置和科技创新策源功能，推动规则、规制、管理、标准的制度型开放。同时，利用自贸试验区作为试验田，实行更大程度的压力测试，实现在重点领域的突破。深化"放管服"改革，实施创新举措如"零差别受理"和"无人政务服务"，建立基于大数据的信用体系和事中事后监管体制。建设一流的投融资企业服务中心，引进国际生产性服务机构，创新金融管理体制和跨境合作机制，消除贸易投资壁垒。

(三)区域协调发展和民生改善

在推进区域协调发展和民生改善方面，济南市尚面临若干挑战。受疫情影响，城镇化进程暂时性减缓，城市内部结构性问题逐步显现，亟须通过优化城市空间布局和增强基础设施建设来加以解决。在民生领域，尽管教育、储蓄和养老等方面保持稳定，但医疗和就业市场的稳定性有待加强。老龄化趋势的加剧，对医疗资源和养老服务提出了更高要求，需要通过政策创新和资源优化配置来满足人民群众日益增长的需求。此外，疫情对居民消费需求产生了一定影响，尤其在零售消费领域，市场活力有待进一步激发。第三产业的增长速度也受到了制约，影响了产业结构的优化和就业机会的创造。同时，乡村振兴战略在实施过程中遇到了新的挑战，农业发展和乡村旅游等领域需要新的推动力来实现突破。

本研究针对济南市促进区域协调发展和改善民生，提出如下几条建议。

一是针对城镇化率放缓的问题，应着重于优化城市空间布局和提升城市综合承载能力。在这一过程中，城市更新和老旧小区改造是关键。例如，南京市石榴新村的城市更新试点项目，通过原地拆除重建的方式，不仅改善了居住条件，还增加了居住面积，满足了居民的需求。济南市可以借鉴这一做法，通过类似的城市更新行动，提升城市品质，吸引人口流入。加强城市基础设施建设也是提升城市综合承载能力的重要方面。这包括交通、水利和信息网络的建设。例如，北京市在城市更新条例中提出，要加大资金支持力度，推动城市基础设施的更新改造。济南市可以采取类似的措施，通过提升基础设施建设，提高城市的运行效率和居民的生活质量。制定差异化的户籍政策和提供更多的就业机会，能够促进人口的合理流动和分布。例如，兰州市在城市更新办法中规范了城市基础设施和公共服务设施的改造完善，有助于进一步提升城市功能、改善人居环境。这为吸引外来人口提供了良好的条件。同时，提供更多的就业机会，可以稳定城市人口，促进城镇化水平的稳步提升。

二是社会保障和民生改善方面。针对老龄化社会的挑战，构建全面而稳定的社会保障体系是一项系统工程，需要从多个角度出发，形成相互支撑的政策网络。首先，教育体系的完善是基础，提供终身学习和职业培训，可以提高劳动力市场的适应性和灵活性。例如，通过与企业合作，为中老年人提供技能更新和再培训的机会，帮助他们适应新兴行业的需求，从而减少因技能过时而造成的失业风险。其次，养老保障机制的多元化是关键，社区养老和居家养老服务的发展，能够满足老年人对于养老方式的个性化需求。例如，济南市可以借鉴上海的"智慧养老"模式，利用信息技术提供更加便捷和个性化的养老服务。同时，医疗保障体系的加强也是不可忽视的一环,通过提高医疗服务质量和覆盖面,尤其是增加对老年人和弱势群体的保障,可以有效减轻家庭负担,提升老年人的生活质量。此外,储蓄和保险产品的完善,可以增强居民的财富储备和风险抵御能力,为老年人提供更加稳定的经济保障。例如,通过推广养老保险和健康保险,帮助居民规划未来,减轻因疾病或意外带来的经济压力。通过这些措施的相互配合,济南市可以构建一个更加全面和稳定的社会保障体系,有效应对老龄化社会的挑战。

三是扩大有效需求。济南市在扩大有效需求和推动经济增长方面可以采取一系列综合措施。首先,促进零售消费和生活服务业的发展是提升居民消费水平的有效手段。例如,济南市可以通过举办各类购物节、美食节等活动,刺激居民消费欲望,同时,支持本地特色餐饮和零售业的发展,以满足居民对高质量生活服务的需求。其次,数字经济的发展是现代经济的重要驱动力,济南市可以依托现有的信息技术基础设施,鼓励数字创新和电子商务平台的建设,以促进线上消费和数字化服务的增长。在乡村振兴方面,改善农村基础设施是基础,这不仅能够提高农村居民的生活质量,还能为特色农业和乡村旅游的发展奠定基础。例如,通过建设农村宽带网络,可以促进农产品的线上销售,拓宽农民增收渠道。同时,发展特色农业和乡村旅游,可以提升农业产值和农民收益,如济南市可以借鉴浙江丽水的"农旅融合"模式,将农业与旅游相结合,开发具有地方特色的旅游产品,吸引游客,增加农民收入。在工业领域,济南市可以抓住绿色低碳转型的机遇,通过政策引导和技术创新,推动产业结构的优化升级,进行大力的宣传发布,引导群众推动绿色低碳产品换代升级,进而扩大有效需求。

(四) 生态文明建设

济南市生态文明建设尽管取得了一定的成就，但仍存在一些不足。随着生态环境质量的提升，单位资金投入所带来的改善效率逐渐降低，这反映出在生态文明建设过程中需要更加注重资金使用效率和技术创新。此外，尽管济南市在水资源利用方面取得了进步，但与先进城市相比，水资源循环利用率仍有较大的提升空间，这表明需要进一步加强水资源的高效利用和循环再利用。同时，济南市在环境污染治理方面还面临一些难点问题，这些问题的存在制约了生态环境质量的进一步提升。例如，工业污染治理、农业面源污染控制以及城市固体废物处理等方面，都需要采取更为有效的措施进行重点攻坚。

在推动济南市区域协调发展和民生改善的过程中，维持和提升生态环境状况是关键。一是济南市应继续加强生态文明建设，通过优化产业结构和推广绿色生产方式，提高生态文明建设的效率。例如，可以借鉴其他城市在生态工业园区建设方面的成功经验，通过政策引导和财政支持，鼓励企业采用清洁生产技术和循环经济模式，减少资源消耗和环境污染。

二是济南市需要利用有限的资金维持和改善生态环境状况。这可以通过建立多元化的环保资金投入机制来实现，如设立环保基金，吸引社会资本参与生态环境保护项目。此外，在水资源利用效率方面，提升技术水平至关重要。济南市可以依托本地科研机构和高校，加强水资源管理技术研发和推广，比如通过雨水收集和循环利用系统，以及废水处理和再利用技术，提高水资源的利用效率。参考上海在水资源管理方面的实践，济南市可以加强水资源的综合管理，推广节水技术和设备，提高用水效率。

三是在环境污染治理方面，济南市应提高环境污染治理水平。这包括制定更为严格的环境保护标准，加强对重点污染源的监管，以及推动大气、水、土壤污染的综合防治。例如，通过实施空气质量行动计划，减少工业排放和机动车尾气污染，提高空气质量。借鉴北京在大气污染治理方面的经验，济南市应实施更为严格的环境保护标准，加强对工业污染源的监管，推动清洁能源的使用，减少污染物排放。此外，应加强水环境和土壤污染的综合治理，提升环境质量。同时，加强水环境治理，保障饮用水安全，提升水体生态健康。

(五) 企业发展

相较前十年，济南市近几年的企业发展速度迅猛，但也存在以下不足。在企业发展方面，济南市面临新生企业发展趋势的不稳定性问题。新生企业作为市场活力的重要来源，其发展波动性较大，可能与市场准入门槛、行政审批效率以及创业支持体系的完善程度有关。在城市项目拉动内需方面，济南市同样存在一定的不足。尽管城市建设大项目对于带动就业和促进经济发展具有重要作用，但目前看来，这些项目在激发内需，尤其是消费需求方面的潜力尚未得到充分发挥。这可能与项目规划和市场需求之间的对接不足、公共设施和服务的供给质量不高有关。另外，受疫情等外部因素影响，济南市房地产投资完成额在最近几年也出现了较大的波动。房地产市场的不稳定性不仅影响了行业的健康发展，也可能对相关产业链和金融稳定带来风险，因此宏观调控和风险应对机制方面还有待进一步加强。

本研究针对济南市促进企业发展，提出如下几条建议。

一是在推动企业发展和经济增长方面，政府投资的增加确实起着至关重要的作用。通过借鉴国内先进城市如北京、上海和深圳的绿色基础设施升级经验，济南市可以加大对交通网络、公共设施和智慧城市建设的投资力度。例如，北京在多尺度规划城市绿色基础设施方面取得了显著成效，上海通过人本化发展绿色基础设施实现了为民便民安民的目标，而深圳则在绿色建筑和新基建方面领跑全国。济南市可以采取类似的措施，通过绿色基础设施建设，改善城市生态环境，促进产业增效和城市化发展。

二是在激发市场活力和创新能力方面，济南市可以学习深圳在新基建领域的成功经验，通过打造新基建全国标杆城市，推动5G网络、数据中心等新型基础设施建设，为企业提供高效快捷的信息服务，促进产业的数字化转型。同时，济南市还可以参考上海在绿色节能建筑方面的政策，通过提供资金补贴、容积率奖励等激励措施，鼓励企业采用绿色建筑技术和理念，推动建筑行业的绿色发展。

三是在城市建设大项目方面，济南市可以借鉴北京在高速公路等基础设施建设市场化方面的探索，通过采用PPP、EOD等市场化模式进行基础设施建设，吸引更多的社会资本参与，提高项目的建设和运营效率。此外，济南市还可以参考上海适度超前建设绿色配套基础设施的做法，提前布局新能源汽车充电桩、智能交通等绿色配套基础设施，为城市的可持续发展提供支持。

四是在稳定房地产市场方面，济南市可以学习上海在建筑领域绿色节能、装配式建筑、全装修住宅等方面的实施要求，通过加快建筑领域绿色低碳发展的法治化进程，推动房地产市场的健康发展。同时，通过加强环境监测设施建设，提升城市生态系统质量，满足市民对良好生态环境的需求，为市民创造一个更加宜居的城市环境。

第九章
高质量建设黄河流域农牧生态保护优化区
——以乌兰察布市为例

　　黄河流域,作为我国北部重要的农牧业生产区,对国家粮食安全和经济稳定起到了关键作用。该流域覆盖了干旱、半干旱和半湿润等多种气候区域,拥有全国15%的耕地资源,对我国的粮食生产贡献显著。然而,黄河流域也承受着诸多挑战,包括水资源的匮乏、灌溉需求的增加以及气候变化带来的不确定性,这些因素都对农业的可持续发展构成了威胁,对促进农牧业的高质量发展形成阻碍。

　　黄河,作为我国的第二长河,其天然径流量在国内河流中排名第二,但仅占全国河川径流量的2.1%。流域内的降水分布呈现出显著的时空不均,南部地区降水量较北部地区多,且大部分降水集中在夏季,尤其是6月至9月,这段时间的降水量可占到全年的70%。这种不均衡的降水模式使得作物生长所需的水分难以得到充分满足,因此灌溉用地大量扩张,但整体面临着水资源利用效率低下、水资源短缺的问题。2019年9月，总书记在河南郑州主持召开座谈会时指出，保护黄河，事关中华民族伟大复兴的千秋大计，将"黄河流域生态保护和高质量发展"上升为重大国家战略。粮食生产作为黄河流域发展中的重要组成部分，在国家推进高质量发展的过程中显现出越来越多的矛盾。如何推进农牧业高质量发展，促进当地农牧业向高效高产转型是未来黄河流域需要面临的关键问题之一。本章通过分析黄河流域农牧业发展过程中的限制因素，并选取了当地农牧业发展对气候变化较为敏感的区域作为研究区，对当地的农牧业发展现状进行分析，针对当地土壤干旱化、水资源利用效率低下、种植结构缺陷等现实问题提出了相应的对策建议和优化策略，以助力当地农牧业的高质量发展。

第一节 黄河流域农牧业高质量发展的限制因素

一、气候变化不确定性增强，农牧业生态风险加剧

气候变化是当前全球面临的重大挑战之一，对农牧业生产的影响尤为显著。随着全球温室气体排放量的增加，地球的气候系统发生了显著变

化，导致降水模式的改变、降水量的减少以及分布的不均匀性，这直接加剧了干旱和洪涝灾害的风险。黄河流域是我国重要的农牧业生产基地，但近年来，受气候变化的影响，该地区的降水量和温度出现较大波动，直接影响了当地的农牧业发展。

气候变化的不确定性增强，对农牧业的影响主要体现在以下几个方面。一是降水量的变化。黄河流域在过去40年间，年降水量整体呈现增加趋势，增加率为1.09mm/a。然而，春季和夏季这两个关键生长季节的降水量却呈现下降趋势，特别是陕西和山西南部地区，降水量减少达到4mm/a，这直接导致干旱的风险增加，对农牧业生产造成严重影响。二是温度升高。在相同的时间段内，黄河流域的年平均气温呈现上升趋势，增加率为0.023℃/a。春季增温趋势最为明显，这改变了作物尤其是对温度变化敏感的作物的生长周期和产量。三是水资源分布不均。黄河流域上游地区降水量增加，而中游地区降水量显著减少，这种不均匀的水资源分布可能导致上游地区水资源相对充足，而中游地区则面临水资源短缺的问题。四是蒸散发变化。黄河流域蒸散整体呈现减少趋势，但上游地区蒸散量有所增加，这主要是由于上游地区降水增加，蒸散量也随之增大。蒸散发的这种变化直接影响到作物的水分利用效率和生长状况，尤其是在干旱和半干旱地区。

二、水污染问题严峻，可用水资源量匮乏

近年来，黄河污染加剧，已超出了黄河水环境的承载能力。黄河流域是我国污染最为严重的地域之一，特别是近年来水污染发展迅猛，同时断流问题也越来越突出。断流使沿岸城市河道内无径流，变成了接纳污水的

黑河，河中鱼类大量死亡，给黄河下游的农业造成了极大的危害。

在水资源储量本就不足的黄河流域地区，水污染问题无疑是雪上加霜，农业水污染的问题主要集中体现在以下几个方面。一是农业面源污染。随着农业生产的集约化和现代化，化肥和农药的使用量不断增加，这些物质通过雨水冲刷和地表径流进入河流，导致水体中营养物质富集，引发水体富营养化问题。农田灌溉退水也是重要的污染源，尤其是在灌区，农田退水中携带的氮、磷等营养物质和农药残留直接进入河流，加剧了水体污染。二是畜禽养殖污染。黄河流域畜牧业发展迅速，但养殖过程中产生的粪便和尿液未经有效处理直接或间接排入水体，造成水体中氨氮、总磷等指标超标，影响水质安全。同时，规模化养殖场的废水处理设施不完善，也是导致水污染的重要原因。三是工业与农业交织污染。黄河流域部分地区工业与农业交织，工业污染与农业污染相互影响。工业废水未经处理或处理不彻底直接排放，污染了农业灌溉水源，进而影响农产品安全和河流水质。四是水资源开发利用过度。黄河流域水资源开发利用率高达80%，远超生态警戒线，水资源的过度开发导致河流水量减少，水体自净能力下降，加剧了水污染问题。

三、农业用水效率低下，水资源供需矛盾尖锐

农业作为水资源的主要消耗行业，其用水效率低下已经成为制约可持续发展的关键因素。随着水资源短缺问题日益严峻，提高农业用水效率，发展节水型农业迫在眉睫。农业水资源的高效利用不仅关乎农业生产的可持续性，也是保障区域水安全、维护生态平衡的重要措施。

在黄河流域，旱作农业区的水资源利用率仅为30%—40%，这一数据

远低于理想状态,表明农业用水存在巨大的浪费空间。灌区的田间工程配套不足,导致灌溉水的有效利用受到限制,水资源的浪费现象十分严重。此外,输水渠道的衬砌率低,老旧的水利设施维修不善,导致大量的水资源在输送过程中渗漏损失。大型灌区的骨干渠道衬砌率仅为30%—40%,而渠系水利用系数大约为0.5,这一效率远低于节水型灌区的标准。渠系建筑物的老化失修问题尤为突出,损坏严重的建筑物占比达到40%—60%,这严重影响了灌区的正常运行和灌溉效益的最大化。田间工程的标准化程度低,工程配套不完善,土地平整度不足,这些都是导致农业用水效率低下的重要原因。固定渠道的衬砌率普遍较低,一些灌区的衬砌率甚至只有20%,仍然依赖于传统的土渠输水。灌溉技术的落后也是导致水资源浪费的关键因素,许多灌区仍然采用大水漫灌、串灌、淹灌等低效灌溉方式,田间灌溉水利用系数通常在0.6—0.7之间,远未达到节水型灌溉的标准。

四、水土环境退化,加剧对粮食生产的威胁

水土流失、土地盐碱化、土壤干旱化和沙漠化是黄河流域面临的主要水土退化问题,它们对粮食生产造成了严重的不良影响。一是水土流失。在黄河流域,水土流失主要表现为坡面侵蚀和沟道侵蚀,尤其在黄土高原地区更为严重。水土流失导致肥沃的表层土壤流失,降低了土地的农业生产能力。同时,泥沙随水流进入河流,增加了河道淤积,影响了灌溉水的质量和可用性。二是土地盐碱化。土壤中含有过量的可溶性盐分,导致土壤结构恶化和生产力下降。盐碱化土壤限制了作物的生长,降低了作物产量和质量。在严重盐碱化的地区,甚至可能导致农田废弃。例如,黄

河三角洲农业高新技术产业示范区的盐碱地面积达 43.97 万亩，土壤盐分含量从 1‰至 10‰自西向东梯次分布，非抗盐碱的农作物在该地区很难存活，不合理的农业用水，不仅浪费水资源，而且加重了土壤次生盐碱化。土壤灌水定额过大，灌溉地的土壤盐碱化十分严重，仅黄土高原耕地盐碱化面积就达 836000 公顷，占水浇地面积的 22%，已造成土地生产力持续下降。三是土壤干旱化。气候变化或不合理的土地利用导致土壤水分减少，土壤逐渐失去生产力。土壤干旱化降低了土壤的水分保持能力，影响了作物的正常生长，减少了农业产出，加剧了粮食安全问题。黄土高原北部和内蒙古高原地区由于降水较少，加上近些年人类活动强度的提升，土壤干旱化问题较为严重。土壤干旱化使土地失去生产能力后，土质逐渐向沙化转变，最终导致土地荒漠化的结局。

五、农牧业技术和管理水平不足，种植结构亟须调整

黄河流域作为我国重要的农牧业生产基地，其农牧业技术和管理水平的提升对于保障国家粮食安全和推动地区经济发展具有重要意义。然而，当前黄河流域在农牧业技术和管理方面存在一定的不足，特别是在种植结构的调整上显得尤为迫切。

首先，农业水资源的利用效率不高，监测技术落后，缺乏针对性，这些问题严重制约了农业水资源的有效管理和利用。目前，我国农业水资源的监测主要集中在大气、大江大河和地下水等宏观层面，而对与农业生产紧密相关的土壤水、作物水和大气水的"三水"监测却严重不足。这种监测的单一性和滞后性，导致农业水资源的利用不能精准地服务于农业生产的实际需求。

其次，地表水、土壤水、降水和灌溉水的联合监测几乎处于空白状态。在不同地区种植制度、种植结构、保护性耕种、水肥管理制度等多样化的农业生产条件下，缺乏有针对性的水资源利用和水环境监测，这不仅影响了水资源的合理配置和高效利用，也难以为农牧业的可持续发展提供科学依据。

此外，尽管水利部、气象局等部门已经建立了较为完善的水文监测和大气降水监测网络，但作为用水大户的农业领域，却缺乏一个全国性的农业土壤水资源利用和水质监测系统网络。这种状况限制了农业水资源管理的现代化进程，也影响了农牧业生产效率和产品质量的提升。

第二节 黄河流域气候变化敏感区农业种植分析

一、气候变化敏感区的作物种植分布的提取方法

（一）主要作物生长时间序列曲线构建

本研究将采纳一种广泛运用的作物制图技术——作物物候信息的可视化图像解读，选取马铃薯、麦类、玉米、向日葵以及其他作物为训练样本。为了增强样本的准确性，我们结合了实地调研中收集到的当地农民耕作经验等先验知识，同时利用了现有的地面样点数据与耕地掩膜文件。在本研究中，考虑到作物的物候特性和田间管理的相似性，我们决定将小麦

和莜麦归纳为"麦类作物"这一统一类别。植被指数作为地表植被特性的关键指标,在评估植被生长状况、生物量和结构信息等方面扮演着至关重要的角色。此外,选择恰当的遥感时间对于光学遥感技术在农业领域的应用至关重要。因此,本研究将重点利用乌兰察布市这一土壤干旱化典型区域的主要作物物候信息,为后山和前山地区的各种作物类型建立覆盖全生长周期的归一化植被指数(NDVI)时间序列曲线(图9-1)。

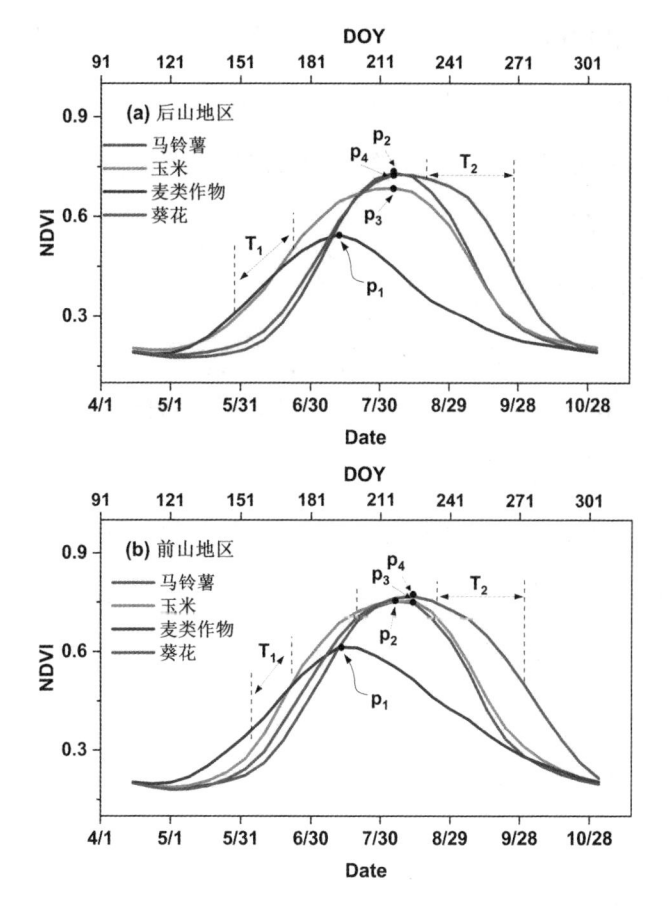

图9-1 前后山地区主要农作物NDVI时序曲线

根据当地的物候记录,我们发现麦类作物的抽穗期通常在七月份最早出现,并且随着地理位置由南向北,这一时间逐渐推迟。在抽穗期,麦类作物的归一化植被指数（NDVI）达到最高点，而在进入乳熟期后，NDVI值则迅速降低。麦类作物的NDVI峰值出现在一年中的第193天（DOY 193），这一时间点显著早于其他四类作物，因此我们可以通过识别NDVI峰值出现的DOY（day of the year）来区分麦类作物的分布情况。

马铃薯（p2，DOY 217）和向日葵（p4，DOY 217或DOY 225）的NDVI值在开花期达到最高，而玉米的NDVI峰值则出现在抽穗期（p3，DOY 217或DOY 225）。这些作物的峰值时间有较大的重叠，导致经过平滑处理后的时间序列NDVI曲线在峰值及其周边区域的差别不大。因此，我们需要利用这些作物在其他生长阶段的植被覆盖率的差异，来提高对马铃薯、向日葵和玉米这三种作物的区分度。例如，五月份时马铃薯还处于萌芽阶段，而玉米已经进入了三叶期和七叶期。这意味着在这一时期（T_1），玉米的NDVI值的增长速度会快于马铃薯。另外，马铃薯的NDVI值在开花后会迅速下降（T_2），而向日葵的NDVI值即使在进入成熟期后也能保持较高水平。这些特点可以帮助我们区分玉米、马铃薯和向日葵。值得注意的是，本研究将那些具有与这四类作物不同NDVI时序特征曲线的作物，统一归类为"其他农作物"。同时，我们认识到不同作物的物候周期存在显著差异，即便是同一种作物，在前山地区和后山地区也会表现出显著的物候周期差异。这种异质性主要是由地理位置和地形差异导致的农业气象条件的不同而产生的。为了避免"同物异谱"现象并提高作物识别的准确性，本研究分别在前山地区和后山地区为不同作物建立了整个生长季的NDVI时序特征曲线。通过这些精心构建的NDVI时序特征曲线，我们最终为主要作物选取了总计9100个训练样本（表9-1）。

表 9-1 选取的历年作物样点数量统计

年份	马铃薯	麦类作物	玉米	向日葵	其他作物	合计
2010	234	80	156	25	85	580
2011	317	94	244	40	185	880
2012	283	74	182	60	295	894
2013	311	88	114	34	120	667
2014	428	100	127	29	139	823
2015	434	110	177	153	250	1124
2016	471	180	147	112	351	1261
2017	264	237	127	184	312	1124
2018	238	136	203	154	160	891
2019	281	139	140	73	223	856
合计	3261	1238	1617	864	2120	9100

(二)随机森林分类器构建

在众多分类算法中,随机森林(Random Forest,RF)因其速度快、灵活性高、结构简洁脱颖而出,且对最佳参数的选择具有较强的鲁棒性。这使得用户可以根据自身需求自定义树的数量(n tree)以及每个节点考虑的变量数(m try)。由于随机森林算法的高效性和抗过拟合能力,我们可以在计算机内存允许的范围增加树的数量。根据 Topouzelis 和 Psyllos (2012)的研究,一个包含 70 棵树的随机森林就足以满足分类需求,过多的树并不会显著提高分类精度。在本研究中,我们采用了 ENVI 5.3 RF 软件包的默认参数设置,即设置森林中树的数量为 100 棵,特征数量 mtry 采用平方根方法确定,不纯度函数选用基尼系数(Gini Coefficient)确定。这样的参数配置在 Guan(2013)的研究中也得到了验证,证明了其能够带来令人满意的分类精度。接下来，我们将使用前面章节中选定的作物样本作为训练数据，运用随机森林分类器进行监督分类。通过这一方法，我们能够解读并得到 2010 年至 2019 年各年度的作物分类结果。

(三) 作物分类精度检验

本项研究通过结合主要作物的 NDVI 时间序列曲线所选取的样本点，以及运用随机森林分类器进行分类操作。为了验证分类结果的准确性，我们采用了混淆矩阵和线性拟合两种不同的方法。在 2019 年的 7 月下旬至 8 月上旬，研究团队进行了野外调研，其间收集了共计 607 个不同作物类型的地面真实样点。这些样点数据被用来评估 2019 年作物分类的精度。我们通过公式 9-1 至 9-4 来计算混淆矩阵中的四个关键参数，包括 Kappa 系数、总体精度（Overall accuracy，OA）、制图精度（Producer's accuracy，PA）和用户精度（User's accuracy，UA）。这些指标的计算方法如下：

$$Kappa = \frac{p\sum_{i=1}^{m}p_{ii} - \sum_{i=1}^{m}(p_{i+}p_{+i})}{p^2 - \sum_{i=1}^{m}(p_{i+}p_{+i})} \quad （公式 9-1）$$

$$OA = \frac{\sum_{i=1}^{m}p_{ii}}{p} \quad （公式 9-2）$$

$$UA = \frac{p_{ii}}{p_{i+}} \quad （公式 9-3）$$

$$PA = \frac{p_{ii}}{p_{+i}} \quad （公式 9-4）$$

公式 9-1 至 9-4 中，m 是作物类别的数目；p 是地面采样点的总数；

p_{ii} 是第 i 种作物的正确分类的标记像素的数目；p_{+i} 是第 i 种作物的地面真值点的总数；p_{i+} 是预测到第 i 种作物的标记像素的总数。

鉴于2010—2018年缺乏地面真实作物样点数据，本研究采用了一种替代方法来评估这段时间内作物制图结果的精度。我们通过构建县级作物种植面积的统计数据与分类结果预测面积之间的散点图，进而利用公式9-5至9-7来计算三个关键特征参数：线性回归斜率（slope）、决定系数（R^2）以及均方根偏差（root mean squared deviation，RMSD）。

$$slope = \frac{n\sum_{i=1}^{n}\hat{y}_i y_i - \sum_{i=1}^{n}\hat{y}_i \sum_{i=1}^{n}y_i}{n\sum_{i=1}^{n}\hat{y}_i^2 - (\sum_{i=1}^{n}\hat{y}_i)^2}$$

（公式9-5）

$$R^2 = \frac{\sum_{i=1}^{n}(\hat{y}_i - \bar{y})^2}{\sum_{i=1}^{n}(y_i - \bar{y})^2}$$

（公式9-6）

$$RMSD = \sqrt{\frac{1}{n-1}\sum_{i=1}^{n}(\hat{y}_i - y_i)^2}$$

（公式9-7）

公式9-5至9-7中，$\hat{y}_i$ 为县级作物面积的预测值，y_i 为县级作物面积的统计值，$\bar{y}$ 为统计值的平均值。

通过野外实地采样点对2019年的作物分类结果进行验证，我们得到了如下的结果数据（表9-2）。根据验证结果，2019年作物分类的总体精度达到了78.1%，表明分类方法在大部分情况下能够准确地识别和区分不同的作物类型。同时，Kappa系数为0.710，这一统计量剔除了偶然一致性的影响，0.710的值意味着分类结果具有很好的一致性和可靠性。

表9-2 2019年作物分类精度检验结果

作物	马铃薯	麦类作物	玉米	葵花	其他作物	制图精度(%)
马铃薯	72	2	4	1	4	86.8
麦类作物	5	62	9	2	12	68.9
玉米	17	4	194	9	6	84.4
葵花	17	1	14	102	13	69.4
其他作物	3		5	5	44	77.2
用户精度(%)	63	90	86	86	56	
总体精度(%)	78.1					
Kappa系数	0.71					

此外，制图精度和用户精度的均值分别达到了77.3%和76.2%。制图精度反映了分类结果中每个类别被正确分类的比例，而用户精度则表示对于使用分类结果的用户而言，各类别被正确识别的概率。这两个指标的高水平表明，无论是从分类系统的准确性还是从最终用户的角度来看，都取得了理想的分类结果。

根据提供的散点图（图9-2）信息，我们可以看到基于随机森林分类器的县级作物种植面积统计数据与分类面积之间的关系呈现出良好的拟合度。在2010至2018年间，决定系数R^2的值介于0.75至0.86之间，这一范围内的R^2值表明了统计数据与分类面积之间存在较高程度的相关性。均方根偏差RMSD的范围在0.424至0.519之间，这进一步证实了分类结果的可靠性和准确性。回归斜率slope的值介于0.735至0.924之间，这一结果表明预测面积与实际统计面积之间有着较强的正相关关系，且斜率接近1，说明预测值与实际值相符合。在分作物精度评价方面，我们发现种植面积最大的马铃薯具有最高的分类精度，R^2值达到了0.821，这说明

第九章　高质量建设黄河流域农牧生态保护优化区——以乌兰察布市为例

我们的分类方法在处理大面积作物时表现出色。麦类作物的分类精度紧随其后，R^2 值为 0.795。对于种植面积较小的玉米和葵花，尽管面积小，但它们的分类精度也达到了较高的水平，R^2 值分别为 0.669 和 0.697，这表明我们的分类方法对于小面积作物同样有效。综合以上精度检验结果，我们可以得出结论，本研究所获得的作物空间分布信息相当准确，能够满足后续研究的需求。这些成果不仅证明了随机森林分类器在作物分类中的有效性，也展示了结合县级作物种植面积统计数据进行分类的可行性。

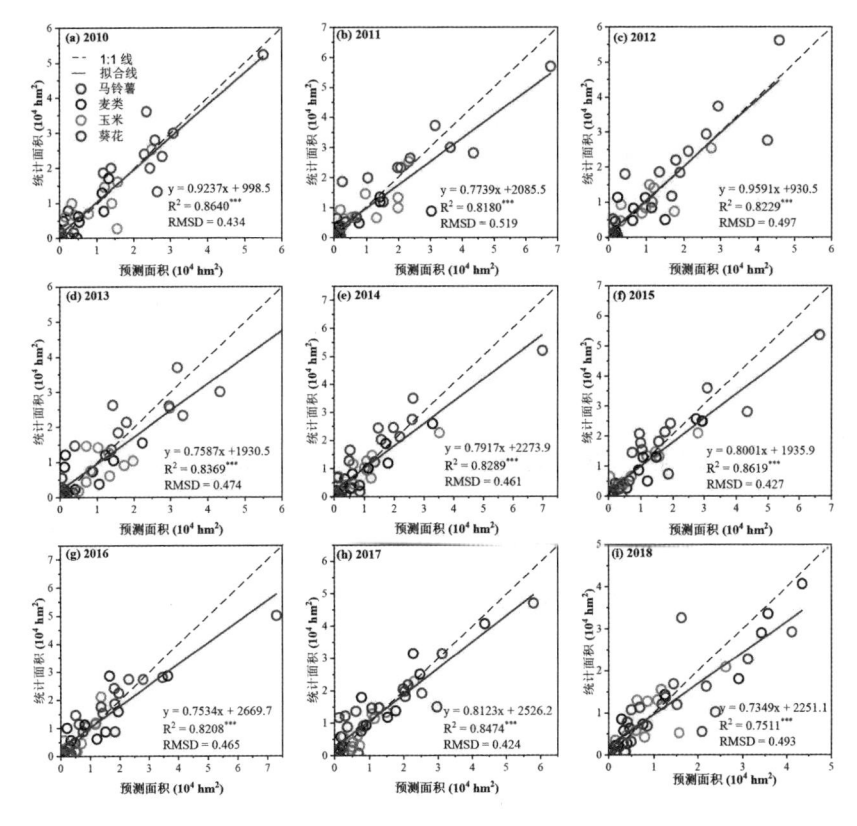

图 9-2　2010—2018 年县级主要作物统计数据与分类结果对比

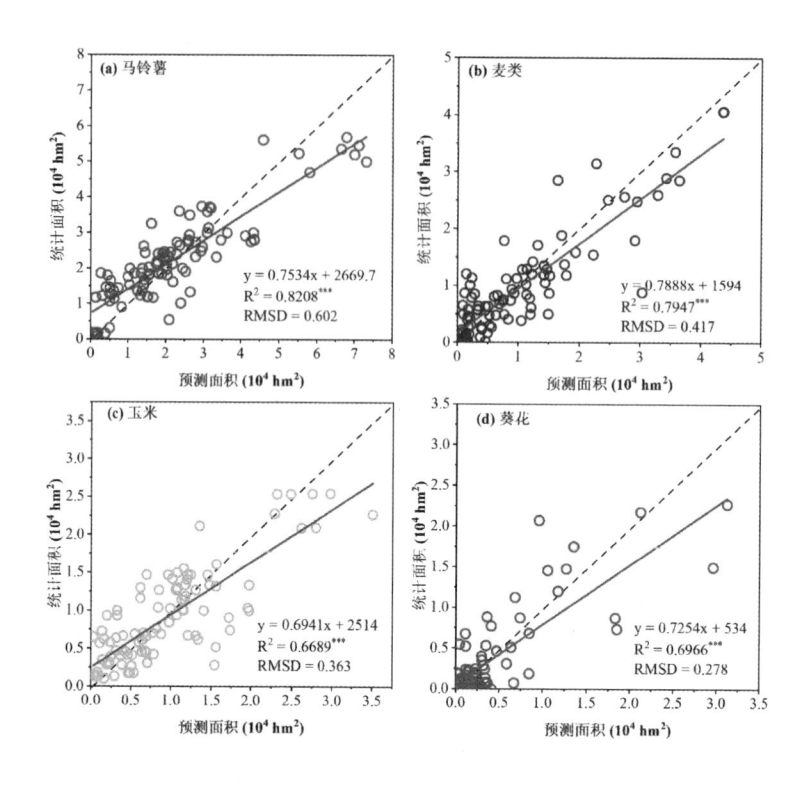

图9-3 不同作物2010—2018年县级统计数据与分类结果对比

二、气候变化敏感区的作物种植空间特征分析

在分析乌兰察布地区2010—2019年的年度压青地和作物空间分布情况时，面临着两个栅格图层分辨率不一致的问题：年度压青地图层的分辨率为30m，而作物空间分布栅格图层的分辨率为250m。为了统一分析标准并确保数据的一致性，本研究采用了ArcGIS 10.2软件提供的最近邻采样方法，对作物分布栅格图层进行了重采样处理。在重采样过程中，我们将250m分辨率的作物分布数据转换为与年度压青地图层相匹配的30m分辨率。这一操作遵循了标准的最近邻采样协议，即高分辨率单元（250m）的值被赋予其在低分辨率（30m）单元中相同的值。这样的处理方法能够保

证在降低分辨率的同时，最大限度地保留原始数据的信息。完成重采样后，我们将 30m 分辨率的压青地图层与重采样后的作物分布图层进行镶嵌，得到了具有 30m 空间分辨率的年度种植格局分布图。这一分布图不仅能够展示乌兰察布地区作物种植的空间分布特征，还能够反映出压青地的空间分布情况，为进一步的农业种植格局分析提供了重要的基础数据（图 9-4）。

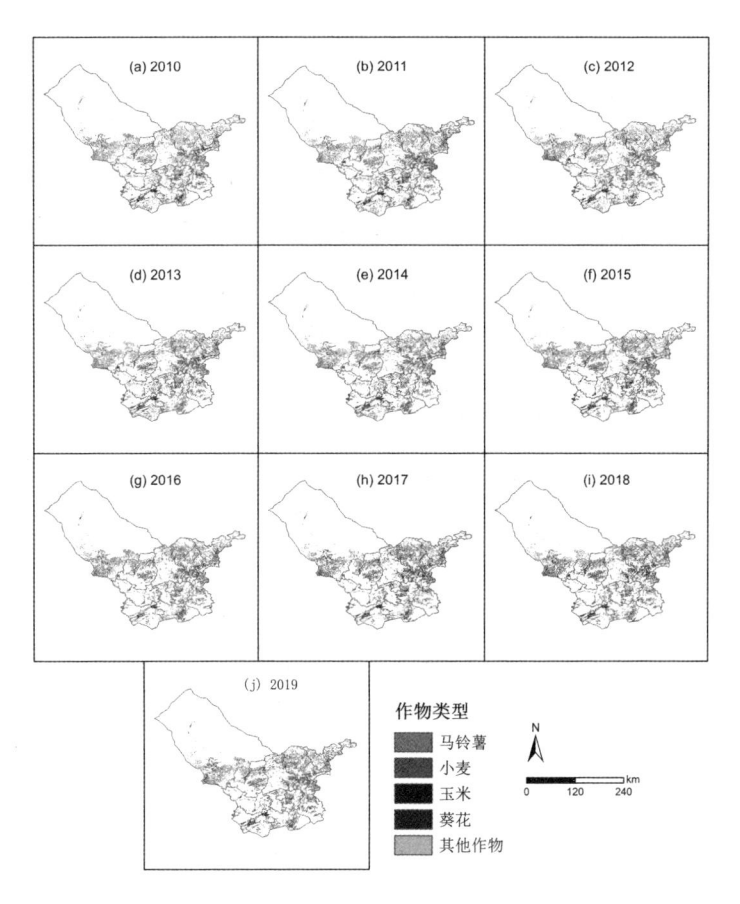

图 9-4 2010—2019 年乌兰察布主要作物的种植空间分布

为了深入分析乌兰察布市主要作物空间分布的全局特征，本研究利用 ArcGIS 10.2 软件中的地统计分析模块，特别是 Directional Distribution（方向分布）和Trend Analysis（趋势分析）工具，分别对2010年、2015年和2019年的主要作物空间分布进行了详细的研究。研究制作了标准椭圆和空间趋势面，以可视化和量化作物分布的方向性和趋势性特征。在空间趋势图中，x轴箭头指示正东方向，y轴箭头指示正北方向，而z轴则代表每个统计单元的属性值，即作物的种植规模。标准椭圆的长轴和短轴分别表示作物分布的主要和次要方向，而椭圆的倾角和方位则揭示了作物分布的空间方向性。这种分析方法有助于我们识别作物分布的空间模式和潜在的驱动因素。蓝线和绿线在趋势图中分别表示作物在南北和东西方向上的分布趋势。通过观察这些线条的走向和强度，我们可以了解作物在不同方向上的集中或分散程度。黑色柱状线则提供了乡镇尺度上不同作物种植规模的直观展示，这有助于我们理解作物分布的空间异质性以及可能受到的地域性影响。

根据2010、2015、2019年马铃薯种植重心和标准差椭圆参数的计算结果，我们可以观察到马铃薯种植空间分布格局的显著变化。从长轴方向和转角的变化来看，2010至2015年间，马铃薯种植的主导方向从东北—西南转变为东南—西北，转角从73.88度增加到104.61度。这一变化揭示了马铃薯种植重心的空间迁移趋势。在2010至2015年期间，马铃薯的种植重心从察哈尔右翼前旗的平地泉镇向西北方向迁移了56.43km，最终定位于察右后旗的锡勒乡，年均迁移速度为11.29km/a。这一时期的长轴方向上出现了显著的极化现象，椭圆扁率从0.204增加到0.342，表明马铃薯种植的空间方向性变得更加明显。2015—2019年，马铃薯种植重心的迁移速度有所减缓，以1.276 km/a的速率向东南方向迁移。在此期间，方向性相对稳定，椭圆扁率的变化仅为1.34%。空间趋势分析结果表明，马铃薯种植在东西方向上呈现出"东西高中间低"的稳定特征。而在南北方向上,则呈现出"两端高中间低"的"U型"特征。随着时间的推移,这种空间分布特征变得更加显著,反映出乌兰察布市南北区域与中间区域在马铃薯种植规模上的差异逐渐扩大。这种差异的扩大主要是由于南北地区马铃薯种植面积的明显缩减,使得中部乡镇的马铃薯种植优势更加突出。这对于理解马铃薯种植的空间分布特征及其变化趋势具有重要意义,也为制定针对性的农业政策和种植策略提供了科学依据。

根据2010、2015、2019年麦类作物种植重心和标准差椭圆参数的计算结果,我们可以观察到麦类作物种植空间分布的显著变化。在2010至2019年这十年间,麦类作物在东西方向上表现出收缩集聚的状态,而在南北方向上则呈现出扩散的趋势。这种变化导致了转角的显著减少,从89.11度降至43.46度,表明主要的种植格局由"东—西"转变为"东北—西南"。在这十年的时间里,麦类作物的种植重心从察右后旗的乌兰哈达苏木向西北方向迁移至商都县的七台镇,总迁移距离为20.837 km。迁移速度也有所加快,从3.35 km/a 增加至4.17 km/a。这表明麦类作物种植重心的迁移速度在加快,反映了种植格局的动态变化。空间趋势分析进一步揭示了麦类作物种植在东西方向和南北方向上的剧烈变化。在东西方向上,麦类作物的分布由"均匀分布"转变为"东高西低",并且这种趋势随着时间的推移而加剧。而在南北方向上,麦类作物的分布则由"中间高两端低"的"倒U型"特征转变为"北高南低",这表明乌兰察布市东北部乡镇的麦类作物种植优势在持续凸显。这些变化可能受到多种因素的影响,如气候变化、土壤条件、农业政策、市场需求等。了解这些空间分布特征及其变化趋势对于指导农业生产具有重要意义,有助于优化种植结构，提高作物产量和质量，同时也为农业政策的制定和土地资源的合理利用提供了科学依据。

根据2010、2015、2019年玉米种植重心和标准差椭圆参数的计算结果，我们可以观察到乌兰察布市玉米种植空间分布特征的显著变化。在2015年之前，前山地区的玉米种植具有明显的优势，这可能与该地区的土壤、气候条件以及农业政策等因素有关。然而，2015—2019年，玉米种植的重心逐渐向乌兰察布北部地区转移，这表明该地区可能采取了有效的农业措施或者自然条件变得更加适宜玉米种植。南部地区的种植优势不再显著，导致原有的"西南—东北"方向分布格局消失，椭圆扁率持续下降至0.08进一步说明了种植结构的这一变化。玉米种植重心的具体迁移路径是由前旗的平地泉镇向西转移至卓资县的十八台镇，这一迁移可能与当地农业基础设施的改善、市场需求的变化或者种植技术的提高有关。空间趋势分析显示，玉米种植在东西方向上的分布特征经历了显著变化，由"西低东高"转变为"倒U型"，这表明乌兰察布东部乡镇的玉米种植优势不再明显，可能是受到资源配置、市场竞争或其他农业政策的影响。此外，2015—2020年间玉米在后山地区的种植规模增加，这可能导致南北方向的趋势线斜率变缓，反映出种植重心向中部地区集中，这可能是由于中部地区提供了更适宜的种植条件或者更有利的市场环境。

2010—2019年葵花种植重心与标准差椭圆参数的计算结果，揭示了葵花种植格局的演变。2010年，葵花种植的分布呈现出细微的"西南—东北"走向。随着时间的推移，尤其是中旗和后旗地区葵花种植的兴起，葵花种植分布格局逐渐转变为显著的"东—西"走向。2010—2015年，葵花种植的重心从商都县的七台镇向西迁移了31.776公里，最终定位于后旗的白音察干镇。这一过程中，椭圆扁率从 0.43 增至 0.52，表明长轴方向上的极化趋势愈发明显。然而，2015—2019 年，葵花种植的方向性变化显著放缓。空间趋势分析揭示了葵花种植在东西方向上的分布特征经历了从"东高西低"到"中间低东西高"的转变，而在南北方向上，"倒 U 型"的特征愈发显著。这些变化进一步印证了 2010 至 2019 年间后山地区的中旗、后旗、四子王旗葵花种植优势的逐步扩大。

三、气候变化敏感区的作物轮作模式分析

作物轮作是一种在当地广泛实践的生态保护策略，它能够依据土壤水分的自然循环规律，自动调节并减轻干旱带来的风险。通过对比不同年份的作物种植分布图，我们可以揭示作物之间的转换关系。在本研究中，我们以 2015—2019 年的数据为例，通过分析这些年份间的作物种植格局变化，识别出乌兰察布市农户的主要轮作模式。理论上，通过对五年的作物种植图层进行叠加，可能会产生 7776 种不同的作物组合排列（6 种作物的全排列，即 6 的 5 次方）。然而，实际情况中，我们只观察到了 6119 种不同的种植组合。为了对这些复杂的轮作模式进行有效识别和简化，我们采用了一套规则：单一作物连续种植，如果一个地块在连续几年内种植的是同一种作物，则将其标记为单一作物的连续种植模式。交替种植，对于相邻年份种植不同作物的地块，我们将其视为交替种植模式。多样化轮作，对于那些在五年内有三种或以上不同作物种植的地块，我们将其归类为多样化轮作模式。

采用以上的作物轮作序列识别简化规则，将 6119 个种植安排归纳为以下的 21 个一级作物种植序列，80 个二级作物种植序列。21 个一级模式占

比从大到小依次分别为：马铃薯主栽模式19.17%、其他作物主栽模式17.62%、麦→其他9.33%、薯→其他9.07%、麦类主栽模式8.29%、玉米主栽模式5.75%、薯→葵4.66%、薯→玉4.04%、葵花主栽模式3.49%、玉→其他2.71%、薯→麦2.05%、葵→其他1.32%、麦→闲0.87%、玉→葵0.85%、麦→玉0.81%、其他→闲0.56%、麦→葵0.13%、薯→闲0.11%、传统压青模式0.09%、玉→闲0.01%、葵→闲0.01%。

对轮作二级序列进行分析发现，2015—2019年乌兰察布市仍存在较大比例的同种作物多年连续种植现象，四种主要作物连作比例高达22.68%，其中薯→薯连作序列最为普遍，占比11.73%，是所有二级种植序列中分布最广、规模最大的，尤以兴和大部分乡镇、四子王旗中部乡镇、中旗－后旗邻接处乡镇的薯→薯连作模式最为显著；其次麦→麦、玉→玉种植占比同样也排在所有种植序列的前10位，分别占比5.28%、3.63%，其中麦→麦连种地块集中分布在"商都北部—化德"带状区、中旗东南部，玉→玉连种地块主要分布在前旗、凉城大部分乡镇；葵花种植面积虽然小，但是葵→葵连种的现象普遍，占比同样也达到2.04%，集中分布在商都北部灌溉农业发达区。作物连作序列是一种落后的种植制度，会使土壤某一种微量元素偏耗，也会加剧病虫害的发生频率，比如葵花连作容易引发列当这一伴生病害，因此需要将连作耕地转变为轮作模式。

此外，分析两种作物间显著轮作的序列可知，麦→其他（9.33%）、薯→其他（9.07%）、薯→葵（4.66%）、薯→玉（4.04%）、玉→其他（2.71%）、薯→麦（2.05%）是主要的轮作模式。

四、气候变化敏感区的典型作物种植区概况分析

本研究以土壤干旱化的热点区域——北方农牧交错带中部的乌兰察布

市为研究区域,探究切实可行的生态种植区划,包括合理调整农牧业布局、种植制度和养地制度等。

本研究利用乌兰察布市2010—2019年主要作物的遥感解译结果,基于众数原则,绘制了该地区的主要作物种植区分布图(图9-5)。

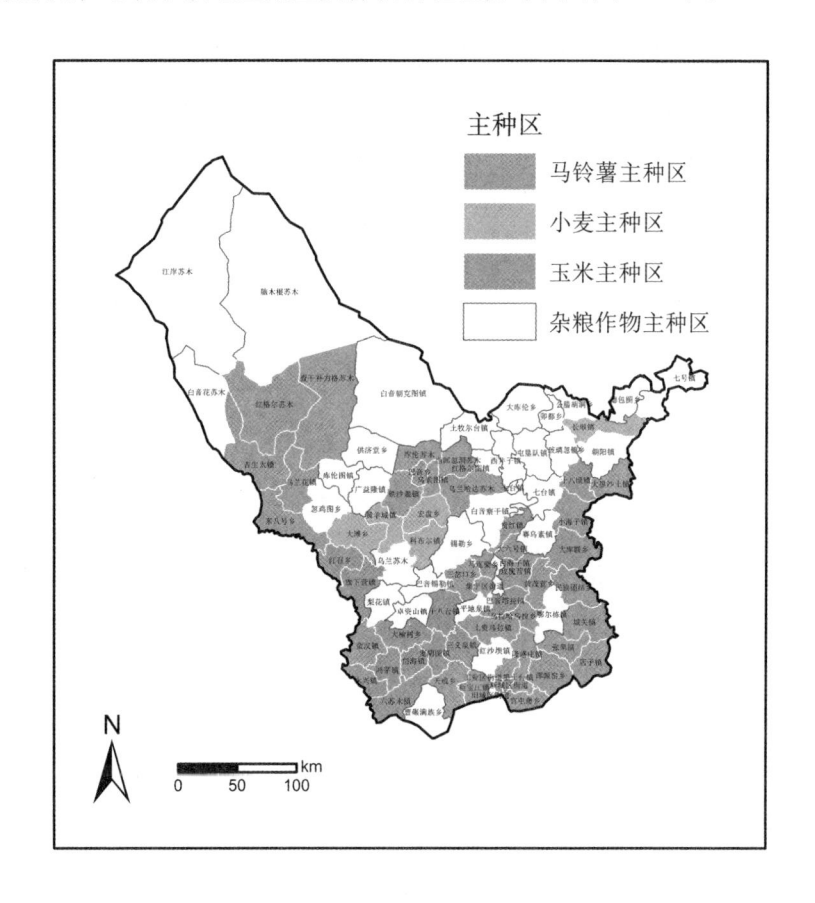

图9-5 北方农牧交错带中部乌兰察布市主种区空间分布

该地区的主要作物类型有马铃薯、小麦、玉米以及向日葵。马铃薯作为最主要的作物种植类型,在全域都得到广泛种植,尤其是阴山南麓地区的察哈尔右翼前旗、丰镇市、兴和县;小麦是旱作农业中较为常见的作物类型,其在乌兰察布的种植主要分布在察哈尔右翼中旗和化德县;玉米是一类较为抗旱的作物类型，其主要的作物种植区主要分布在凉城县和卓资县。虽然向日葵也是在该地区广泛种植的一类作物类型，但是由于其不能多年连作，所以从十年的时间尺度上看没有明显的主要种植区。此外，据对当地单年的向日葵作物类型的解译结果，其主要分布在阴山北麓地区，其中商都县和四子王旗种植面积较大。另外，该地区还种植一些杂粮作物，包括油菜、胡麻、大豆、黍子等，并没有特别主要的种植区，我们将其归为杂粮作物种植区，主要分布在商都县和察哈尔右翼后旗地区。

第三节 黄河流域典型区农牧生态种植区划分析

一、气候变化敏感区水资源平衡分析

(一)生态缺水量测算及其空间分布

本研究基于历年耕地作物的生态需水量和土壤供水量的平衡关系,对历年的生态缺水量求均值,绘制了乌兰察布市生态缺水量的分布图(图9-6)。生态缺水量是植被的需水压力和土壤供水能力之差的结果,反映了植被—土壤系统水失衡的程度。缺水量越大表示对土壤的需水程度越高,越容易导致土壤干旱化。根据缺水量空间分布的结果,整个地区呈现较为明显的空间分异规律,缺水量由南至北逐渐变多。阴山北麓地区的缺水程度远强于阴山南麓地区。其中,阴山北麓地区的四子王旗农区北部、察哈尔右翼中旗北部、察哈尔右翼后旗北部以及商都县北部沿线缺水程度最高(+ 152mm)。另外,几个大型灌区的生态缺水程度较高,比如商都县和兴和县交界处的灌区以及凉城县岱海周边的灌区(76—152mm)。生态水供需平衡的有阴山南麓南部的丰镇市和凉城县的局部地区等(- 76—152mm)。

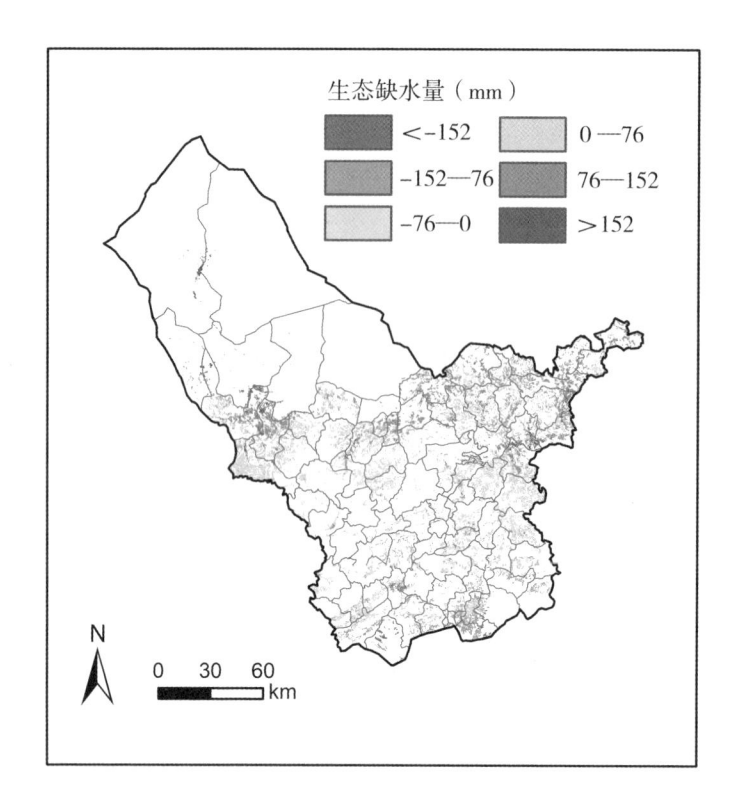

图 9-6 北方农牧交错带中部乌兰察布市生态缺水量空间分布

将历年的生态缺水量进行趋势分析得到生态缺水量的变化率空间分布图（图 9-7），可以看到阴山北麓地区整体的生态水供需失衡程度得到较为明显的缓解，尤其是在商都县北部、化德县以及察哈尔右翼中旗北部等地区（-12mm/a）。而在阴山南麓地区，尤其是岱海和黄旗海周边，缺水量有愈加失衡的趋势（+6—12mm/a）。从对历年生态缺水量的均值和变化率的分析中，我们能得到该地区的生态水供需的基本矛盾是：乌兰察布市阴山北麓地区虽然生态水供需趋于好转，但整体仍处于失衡的状态；阴山南麓地区生态水供需基本平衡但却向失衡的方向发展，尤其是岱海周边地区。

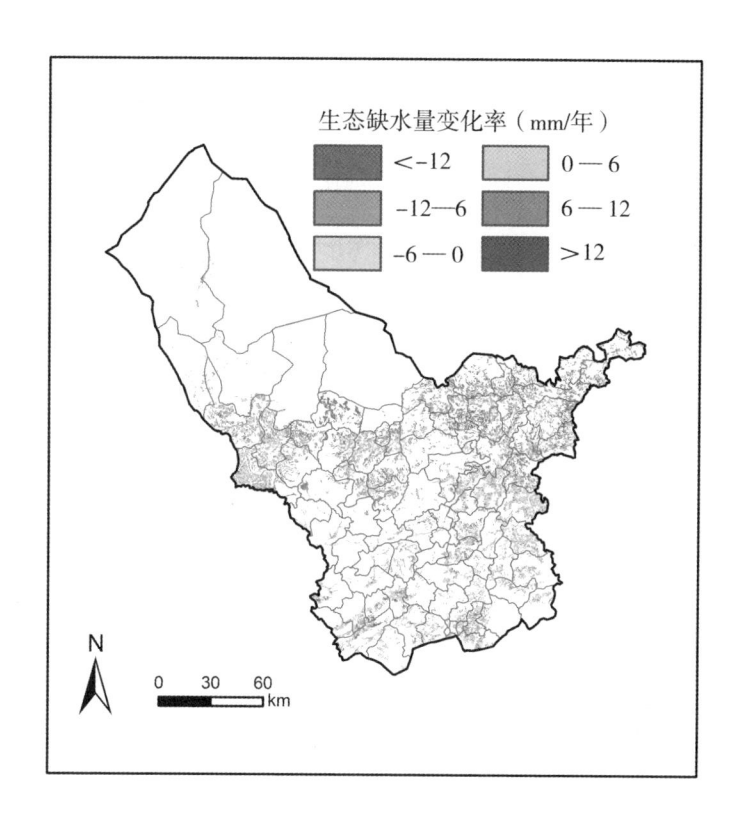

第九章　高质量建设黄河流域农牧生态保护优化区——以乌兰察布市为例

图9-7　北方农牧交错带中部乌兰察布市生态缺水量变化率空间分布

(二)主导作物生态缺水量测度

本研究进一步将主要作物的生态缺水量分别提取出来，采用核密度分析法，绘制了不同作物的生态缺水量空间分布图（图9-8）。如图9-8a，马铃薯的生态缺水量空间分布显示，阴山北麓地区趋于失衡，阴山南麓地区趋于平衡。其中失衡的区域包括四子王旗的乌兰花镇、吉生太镇、东八号乡，察右中旗的铁沙盖镇、巴音乡和乌素图镇以及商都县的小海子镇、十八顷镇、大黑沙土镇等，说明这几个乡镇的马铃薯种植呈现出较为严重的水供需矛盾，不利于土壤水的保持和恢复。反之，在阴山南麓地区，如丰镇市的官屯堡乡、黑土台镇、巨宝庄镇，以及兴和县的张皋镇、店子镇十分适宜种植马铃薯，其土壤水供应绰绰有余。

如图9-8b，小麦的生态缺水量空间分布显示，与其主种区的位置有关，在察右中旗北部、商都县北部和化德县一带，小麦种植的生态缺水量趋于失衡，且较为集中，说明该地区的小麦种植土壤水的积蓄，容易造成更加严重的土壤干旱化；在另一个小麦主种区——察哈尔右翼中旗，其生态水供需呈现平衡状态且较为集中，是小麦种植的适宜区域。

如图9-8c，玉米的种植区从全域看较为零散，但大多数玉米种植的生态缺水量趋于失衡，几个较为典型的区域包括凉城县的麦胡图镇，察右前旗的巴音塔拉镇，兴和县的民族团结乡，商都县的十八顷镇、大黑沙土镇、小海子镇，察右中旗的黄羊城镇、铁沙盖镇，等等。这些镇的特点是大多数具有较大规模的水浇地供玉米种植，造成了严重的土壤系统水失衡。另外，适合玉米种植的乡镇包括卓资县的卓资山镇、大榆树乡镇、十八台镇，凉城县的六苏木镇、曹碾满族乡以及丰镇市的官屯堡乡和上台镇等。

如图9-8d，向日葵的生态水供需矛盾区域主要分布在商都县南部的小海子镇、十八顷镇、大黑沙土镇，化德县的朝阳镇以及察右中旗的巴音乡和乌素图镇等，这几个区域均为向日葵种植的聚集区，过度的灌溉使得该地区的生态水供需呈现较为激烈的矛盾。

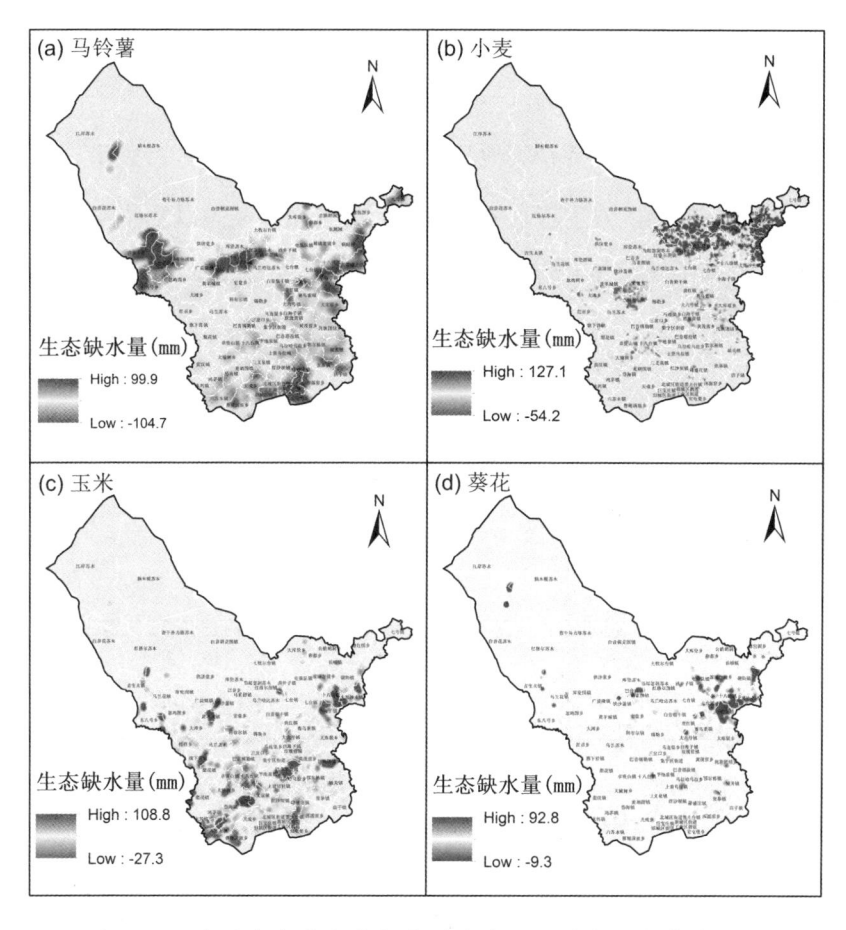

图9-8 乌兰察布市各作物类型生态缺水量空间分布特征图

二、典型作物水资源平衡分析

本研究根据以上不同作物类型生态缺水量的测度,选取了各作物生态水供需失衡矛盾的热点区域。马铃薯的缺水量矛盾热点区域选取了位于察哈尔右翼中旗东部的巴音乡;小麦的缺水量矛盾热点区域选取了位于商都县北部的卯都乡;玉米的缺水量矛盾热点区域选取了位于凉城县的麦胡图镇;向日葵的缺水量矛盾热点区域选取了位于商都县南部的小海子镇。然后分别对比了各乡镇辖域范围内主要作物的植被生态水需水压力、土壤供水能力以及生态缺水量的关系。

将巴音乡的马铃薯和其他几类作物的生态水供需平衡关系进行对比发现，各类作物的植被生态水需水压力、土壤供水能力以及生态缺水量的年际变化规律大致相同（如图9-9所示）。

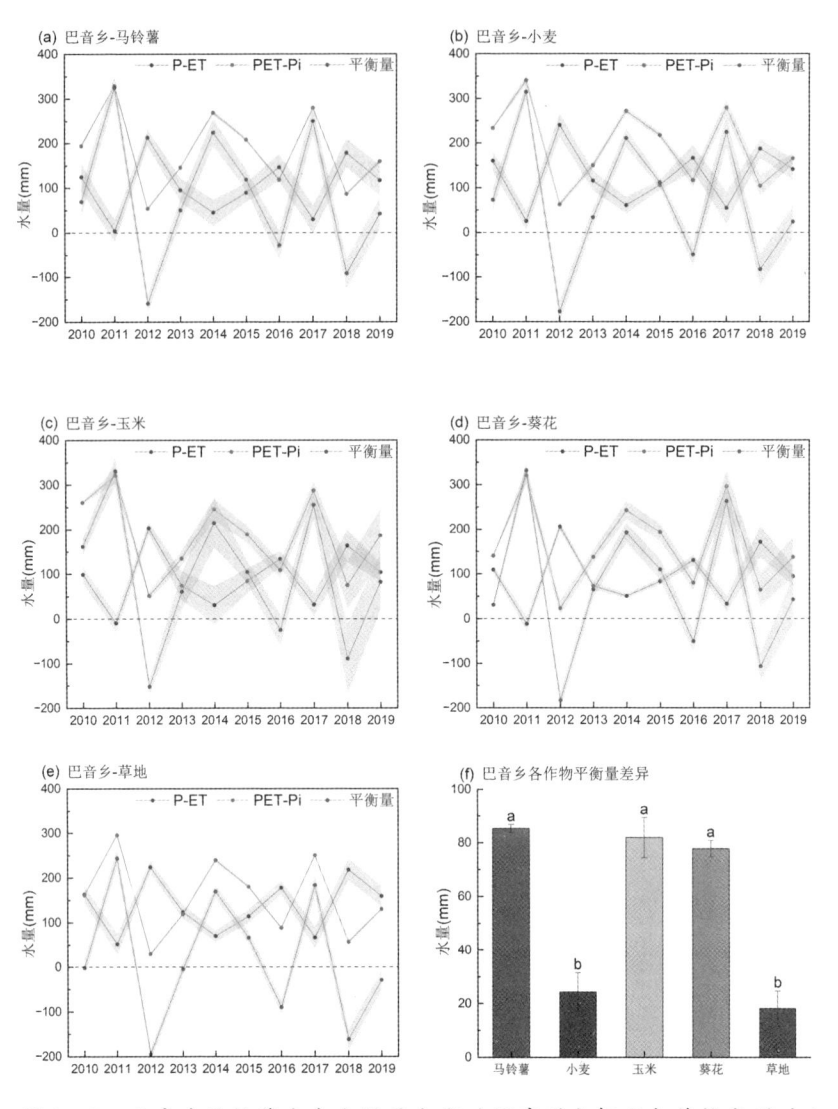

图9-9 巴音乡马铃薯生态水供需失衡时间序列分析及各作物类型对比

然而，马铃薯和玉米的土壤供水能力在多个干旱年份（2011，2014，2017）都趋近于0，而小麦和向日葵的土壤供水能力较强，即便是在干旱年份也保持在50mm左右的供水量。另外，对比向日葵和小麦两种作物的生态需水量，向日葵高于小麦，这就导致了向日葵的生态缺水量要高于小麦。通过将四类作物以及草地的生态缺水量进行对比，可以发现小麦和草地的生态缺水量最低，而马铃薯、向日葵的生态缺水量较高，该结果表明该地区的马铃薯、玉米、向日葵的种植显著加剧了该地区生态水供需的矛盾，而小麦作为该地区在生态水供需方面较为适宜的作物应该进行适当的推广种植。除此之外，在水供需矛盾十分强烈的区域应该采取退耕还草的措施，提升土壤水的恢复能力，缓解干旱化的威胁和扩散。

将卯都乡的小麦和其他几类作物的生态水供需平衡关系进行对比，如图9-10所示，结果显示马铃薯、小麦、玉米三类主要作物的植被生态水需求缺水量保持较高的水平，土壤水供给能力基本维持在50mm左右，干旱年份则趋近于0，这导致了生态缺水量均较高。结果表明该几类作物产生了极其强烈的生态水供需矛盾，几乎历年的植被需水均超过土壤蓄水。这不仅仅是小麦的生态水供需之间的矛盾，而是各类作物的种植都将产生消极的生态后果。另外，由于小麦是该地区种植面积最广的作物类型，所以其他几类作物的生态水供需矛盾热点在该地区并不明显，但即便仅按照种植小麦作物的耕作制度，也将会继续加剧土壤干旱化。所以建议该地区应进行适当的退耕还草以恢复地力，改善土壤水生态环境。

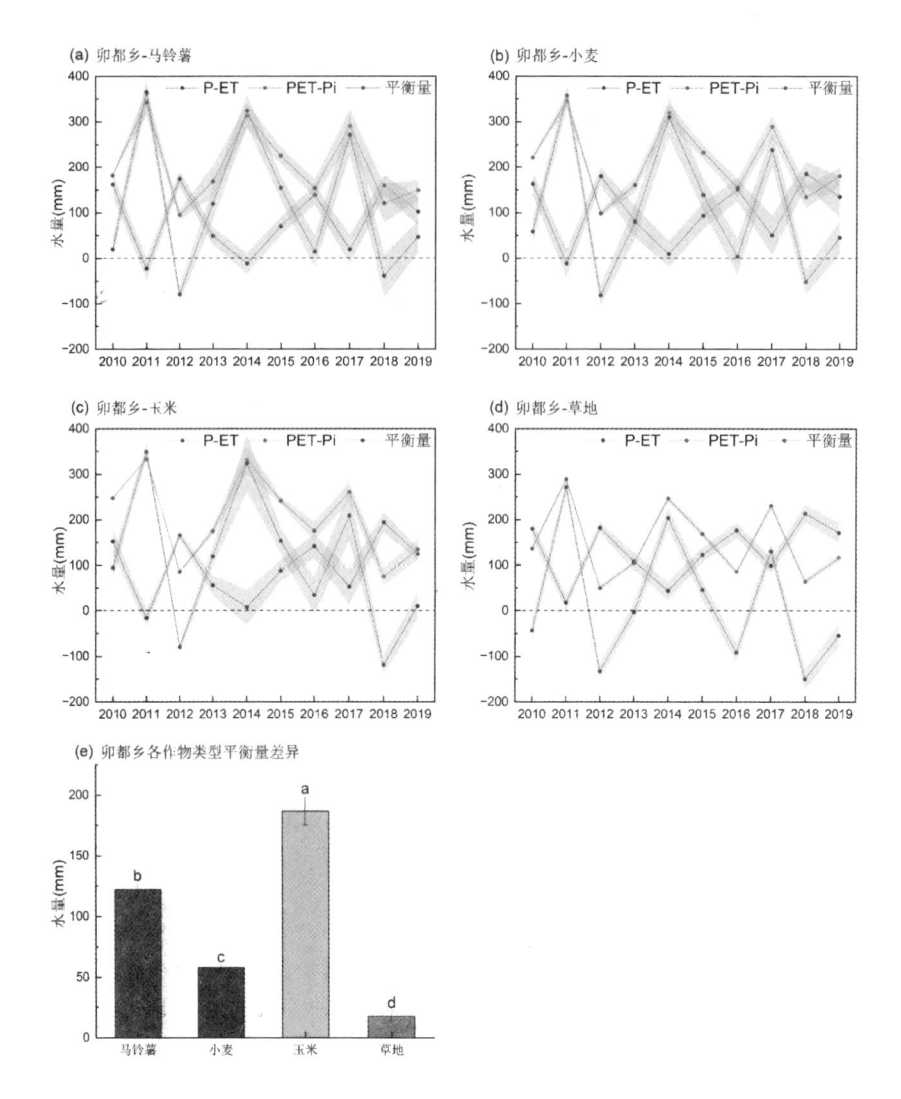

图 9-10 卯都乡小麦生态水供需失衡时间序列分析及各作物类型对比

将麦胡图镇的玉米和其他几类作物的生态水供需平衡关系进行对比，如图 9-11 所示，结果显示玉米、马铃薯、小麦的植被生态水需求缺水差距不是很大，但是种植不同作物对土壤 WSC 的影响却有显著差异，种植玉米时其土壤 WSC 远小于小麦和马铃薯，这也就导致了玉米的生态水需求缺水量大于马铃薯和小麦。将三类主导作物以及草地的生态水需求缺水量进行对比,只有玉米的生态水需求缺水量大于 0,该地区马铃薯、小麦以及草地的生态水需求缺水量均小于 0,这表明从生态水供需平衡的角度,该地区种植马铃薯和小麦是有利于土壤保水和缓解土壤干旱化的,而玉米的种植将继续加剧水供需的不平衡矛盾,是一类以牺牲水生态环境为代价的耕作方式。所以,应当减少该地区玉米的种植,并推广马铃薯和小麦的种植,以保证生态需水量和供水量的平衡或者弥补干旱年份的水分亏缺。

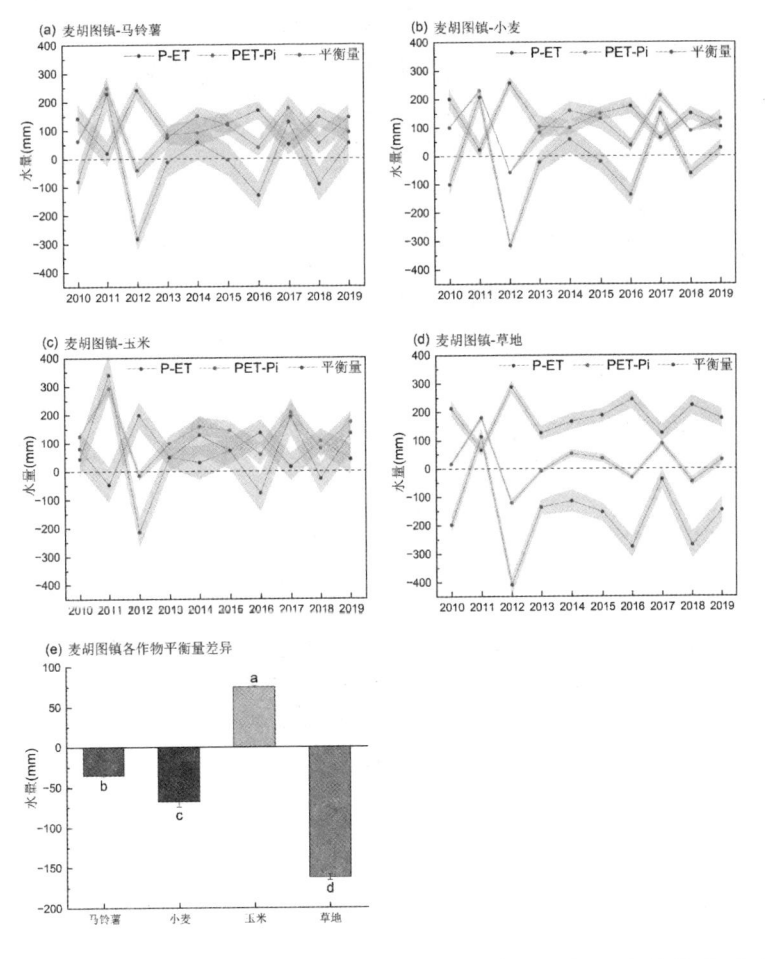

图 9-11 麦胡图镇玉米生态水供需失衡时间序列分析及各作物类型对比

将小海子镇的向日葵和其他几类作物的生态水供需平衡关系进行对比，如图9-12所示。

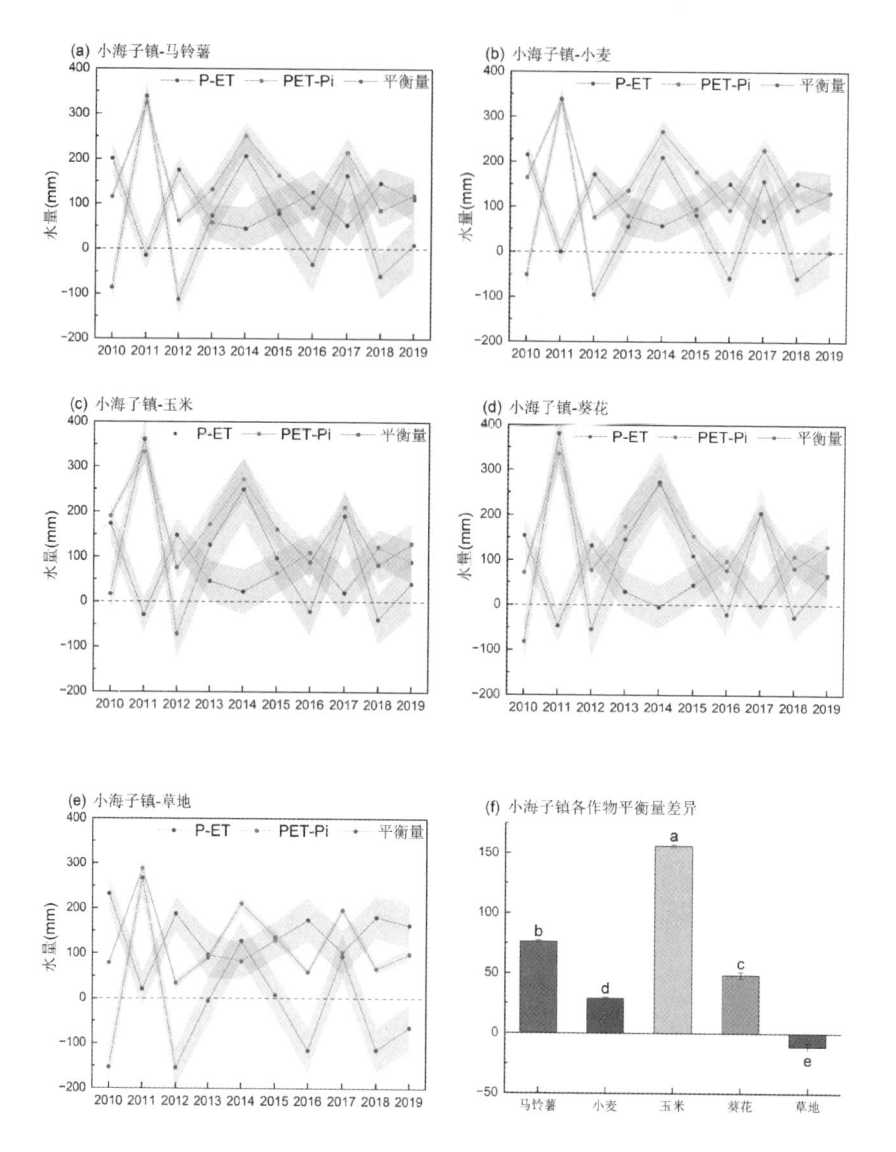

图9-12 小海子镇向日葵生态水供需失衡时间序列分析及各作物类型对比

结果显示，小海子镇各类作物的生态水需求均维持在较高的水平，这与当地水浇地面积较多有关。从各类作物的生态缺水量的对比可见，向日葵和玉米作物的土壤供水能力均处于较低水平，干旱年份甚至低于 0，这是地下水不仅要补给植被生长所需也要补给土壤水所需的结果，这就造成了生态水供需矛盾加剧，相比之下马铃薯和小麦的生态水供需矛盾较低，是当地值得推广种植的作物类型。另外，考虑到对地下水需求的日益增长，该地区应该减少高耗水的水浇地玉米和水浇地向日葵的种植，适当地在土壤干旱化较为严重的区域进行退耕还草，以弥补多年植被种植所引发的土壤缺水问题。

三、基于水资源平衡的生态种植区划建议

依据每个地块 2010—2019 年的作物类型和生态缺水量，获取了各作物在 2010—2019 年间的生态缺水量的平均值，对比得到生态水供需矛盾最小的作物类型，结合该地块 2010—2019 年间主导种植的作物类型，最终获得了乌兰察布地区推荐种植作物类型的空间分布图以及种植制度调整建议区划。如图 9-13 所示，结合当地土壤干旱化综合特征，制定以下区划建议：（1）适水作物结构调整建议。保持原有主导种植类型不变的耕地主要分布在阴山南麓地区，如丰镇市、兴和县、察哈尔右翼前旗。推荐种植马铃薯的耕地主要分布在商都县、化德县以及凉城县和卓资县部分地区。推荐种植麦类作物的耕地主要分布在四子王旗南部和察哈尔右翼中旗部分地区。推荐种植杂粮作物的耕地主要分布在四子王旗中部和察哈尔右翼后旗大部分地区。（2）灌溉管控建议。针对灌溉强度较高的两处区域，一处是凉城县的岱海镇、麦胡图镇、三义泉镇一带，另一处为商都县南部的小海子镇。这两处区域历来种植高耗水的经济作物，如岱海周边一直有种植水浇地玉米、甜菜和马铃薯的农业安排，严重威胁了地下水和地表水的

生态安全；小海子镇也是以种植高耗水的向日葵、甜菜、辣椒等经济作物闻名，虽具有乌市蔬菜生产基地的美称，但是由此产生的水生态威胁和对周边土壤干旱化的消极影响是十分明显的。所以，针对这两类高强度的农业区域，采取的种植制度调整对策应该是适当减少水地的扩张，合理规划水地布局，严控用水额度，加强监管高耗水作物种植现象。（3）作物物候适应性调整建议。阴山北麓地区易受土壤干旱化威胁，造成作物减产。春季土壤干旱化显著延后了作物的返青期，在四子王旗中部，察右中旗南部种植生育期较短的杂粮作物，如胡麻、莜麦、荞麦等作物播种期偏晚，可有效适应土壤干旱化产生的不利影响。

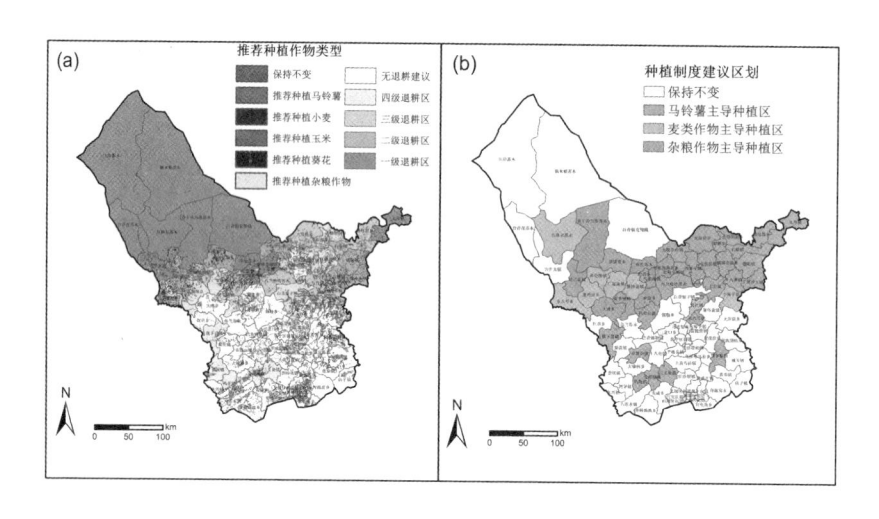

图9-13 乌兰察布市种植制度建议区划

除此之外，退耕还草是科学保护土壤、提升土壤水生态效益的重要生态种植模式优化措施。基于上述生态水收支平衡分析，得到了退耕建议区划（图9-13a）。如果某地块生态水供需矛盾最小的作物的生态水供需矛盾仍大于0，则代表该地块无论是种植何种作物类型，均会加剧该地块的水生态矛盾，继而必然增加土壤干旱化的风险，所以对该类地块应当采取适当的退耕还草还灌以恢复土壤水分和地力以及缓解土壤干旱化，故将历年所有作物最小生态缺水量大于 0 的地块定义为建议退耕地块。如图所示，本研究将需要退耕的地块统计到乡镇尺度上，将该乡镇需要退耕地块面积占所有耕地面积 5% 以上的乡镇定义为需要退耕的乡镇，即至少为四级退耕区；将该乡镇需要退耕地块面积占所有耕地面积 20% 以上的乡镇定义为三级退耕区；将该乡镇需要退耕地块面积占所有耕地面积 35% 以上的乡镇定义为二级退耕区；将该乡镇需要退耕地块面积占所有耕地面积 50% 以上的乡镇定义为一级退耕区。可以看到，退耕的推荐区域主要分布在阴山北麓地区，且纬度越高，越临近草原，退耕的等级越高，例如四子王旗和察哈尔右翼后旗的大部分地区以及商都和化德的部分地区。推荐在吉生太镇—查干补力格苏木—库伦苏木—当郎忽洞苏木一线以北继续推行退耕还草。另外，在阴山南麓的凉城县的蛮汉镇、鸿茅镇、麦胡图镇、三义泉镇和卓资县的旗下营镇也存在需进一步退耕的区域。

第四节　黄河流域农牧业生态保护与高质量发展优化策略

一、兼顾生态保护与农牧业发展双赢

为了持续推进生态环境的综合治理，我们必须认识到生态环境保护是一个涉及多个部门和领域的复杂系统工程。为此，一是在未来的生态保护工作中应当强化跨部门合作，整合资金资源，以自然地貌和流域为基本单元，实施综合性的治理措施，从而提升生态保护和建设的效率。二是建立一个长期稳定的生态保护补偿机制至关重要。需要尽快构建一个有效的长期生态补偿机制，确立资源有偿使用的制度框架，并对生态环境资源的开发、管理、保护、建设以及资金投入和收益等方面的政策进行统筹协调。三是需进一步完善补偿标准、补偿方式和补偿对象的科学确定，逐步构建起一个由政府引导、市场推动、社会参与的补偿体系。生态保护和建设作为公共产品，确实需要国家和各级政府的人力支持，但仅依赖政策性投入会给国家和地方财政带来较大压力。四是鼓励社会各界积极参与生态保护和建设工作。坚持"谁投入、谁受益"的原则，积极推动生态建设的产业化发展，并通过政策鼓励和适度补偿等措施，吸引更多企业、社会团体和个人参与到生态保护和建设中来，共同建立起多元化的投融资机制。通过上述措施，能够有效保护和改善生态环境，促进经济的可持续发展，实现人与自然和谐共生。

二、调整种植结构，建立节水高效的种植制度

种植制度的优化是实现农业可持续发展的重要环节，尤其是在水资源日益紧张的背景下，建立节水高效的种植制度显得尤为迫切。调整种植结构，发展节水型农业，不仅能够保护和合理利用水资源，还能提高农业经济效益，促进农业与环境的和谐发展。

首先，需要认识到种植制度模式的优化是环境、经济和技术三者有机结合的结果。随着社会的进步和科技的发展，持续利用资源、逐步改善环

第九章　高质量建设黄河流域农牧生态保护优化区——以乌兰察布市为例

境、稳步提升效益已经成为国际种植模式发展的显著特点。为此，应当借鉴国际经验，结合本地实际情况，推动种植结构向节水、高效、生态友好的方向发展。其次，现代节水型农作制度正朝着开放性、高科技、高效益的方向迈进。这意味着我们需要减少对高耗水作物的依赖，构建以经济效益为导向的种植业结构。这不仅要求在作物选择上做出调整，更要求在种植技术和管理上进行创新。例如，发展抗旱作物品种、采用滴灌和喷灌等节水灌溉技术、推广覆盖作物和保护性耕作等措施，都是实现节水农业的有效途径。此外，计算机技术、电子信息技术、红外遥感技术等的应用，为种植制度的优化提供了强有力的技术支持。通过这些技术手段，可以对农田的水分状况、作物生长情况等进行实时监控，实现对多种可控和非可控因素的数字化和图像化管理。以上措施有助于提高水资源的利用效率，还能通过数据分析和模型预测，为种植决策提供科学依据。

为了进一步推动节水农作制度的发展，应当引进和吸收国际先进的高新技术，结合区域资源的数字化研究，建立以水分利用效率和效益为核心的节水高效种植结构和种植制度。这包括但不限于以下几个方面。一是开展区域水资源评估，明确水资源承载能力和潜力，为种植结构调整提供科学依据。二是推广节水灌溉技术，如滴灌、喷灌、微灌等，提高灌溉水的利用效率。三是培育和推广抗旱、耐盐碱等适应性强的作物品种，减少对水资源的依赖。四是采用保护性耕作和有机农业技术，提高土壤的保水保肥能力，减少水分蒸发。上述措施的实施可以有效地调整种植结构，建立节水高效的种植制度，为实现农业可持续发展和水资源的合理利用做出积极贡献。

三、推进农业技术创新,加快农业发展现代化进程

为促进农牧业现代化及提升国际竞争力,深化农牧业科技创新体制机制改革显得尤为关键。要加强农牧业科技创新平台载体及科技人员队伍建设,完善科研成果评价体系,释放科技人员创新活力,加大研发投入,强化国内外合作。在高效种植养殖技术、智慧农牧业等领域开展技术攻关,致力于突破制约农牧业发展的关键核心技术。

一是要加速科技实验与示范,提升推广效率。建立多样化、多层次的科技支撑农牧业现代化实验区和示范区,强化科技综合试验示范基地建设,增强农牧民对科技应用的积极性,逐步构建市场化、产业化的科技推广模式。二是优先推动重点领域科技推广。培育优质、高产、专用品种,促进农牧业结构战略性调整。提升农畜产品加工技术,增强后续经济效益,提高农牧民收入。同时,发展生物技术和信息技术,推动农牧业高新科技产业化。三是发展国际先进农牧业技术,增强农畜产品国际竞争力。通过引进、吸收国外先进技术及加强自主创新,提升本土技术水平,确保在全球市场中具有竞争优势。

通过深化改革、加强研发推广及国际合作,有效提升农牧业技术水平及竞争力,为农牧业可持续发展与农牧民增收奠定坚实基础。

四、建立农业水资源与水环境监测预警系统

为确保区域水资源安全和农业可持续发展,建立区域水环境污染预警系统至关重要。该系统需提供实时、准确的水质变化信息,尤其是出现跨界突发性河流污染事件时,以便下游地区及时采取防范措施。应用遥感

（RS）和地理信息系统（GIS）技术，构建全国性的农业水资源与水环境监测预警网络及信息共享平台，实时监控水资源和水环境状况。在黄河流域，应建立包括国家级、省部级和县级在内的水资源与水环境观测基地，创建重点实验室，以及各省、市、县水资源与水环境信息中心和技术中心。实施全面监测，推进监测系统的一体化和标准化，涵盖水环境质量、水资源利用、田间墒情、农情信息、灌溉用水水情、水质、流域水和灌溉水污染预警、旱情及旱灾防治对策，以及节水农业技术示范和农业水资源管理等方面。此外，利用研究成果优化现行农业用水模式和技术方法，实现水资源管理一体化，建立高效有序的水资源管理体系。将农业水资源管理与环境保护相结合，促进农民增收，实现水资源的社会化、高效利用与环境保护的有机统一。通过这些措施，确保水资源的可持续利用，支持农业发展和环境保护的双重目标。

五、加大农牧业科技推广，提升农牧民整体素质

为提升农牧民整体素质，加快农牧业现代化进程，需加大农牧业科技推广力度。首先，应建立多样化、多层次的科技实验区和示范区，以科技为支撑，推动农牧业现代化建设。通过加强科技综合试验示范基地建设，激发农牧民运用科技的积极性，逐步形成科技推广的市场化、产业化经营模式。其次，优先在关键领域推进科技推广，培育优质、高产、专用品种，促进农牧业结构的战略性调整。提升农畜产品加工技术，增强农牧业后续经济效益，提高农牧民收入。同时，开发生物技术和信息技术，推动农牧业高新科技产业化，增强农畜产品的国际竞争力。此外，确立农牧民在农牧业现代化中的主体地位至关重要。农牧民是农村牧区的主人，是农

牧业生产的核心力量。需转变工作方式，应鼓励农牧民提高自主创新能力，避免其处于被动地位。农牧民现代化是农牧业现代化的基础，涉及生产方式、生活方式和价值观念的全面更新。加强农村牧区教育体系建设，继续巩固九年义务教育成果，推进15年义务教育，发展中等教育，引导教育与市场化接轨。同时，发展农村牧区职业教育和成人教育，将教育与精神文明建设相结合，打造具有特色的农牧民文化。通过加速开发人力资源，提高农牧民的整体素质，加强文化功能对农牧民的嵌入，强化文化能力，塑造现代性，适应农村牧区现代化的需求。

六、推动规模化经营，发展农牧业产业化经营模式

为促进农牧业产业化经营模式的发展，加强农牧业龙头企业的培育，应大力支持骨干企业通过联合、兼并、重组等方式，实现资源和生产要素的大范围整合，推动优势企业向集群化方向发展，从而在更广泛的范围内带动农牧业产业化进程。同时，加快农牧业产业化基地的建设，充分利用资源优势、区位优势及成本优势，加大资金投入和政策支持，推动农牧业生产向标准化、规模化、社会化方向发展。通过建设现代化的农牧业生产基地，提高生产效率和产品质量，增强市场竞争力。此外，提升农牧民的组织化水平是发展农牧业产业化经营模式的关键。积极培育新型职业农民和农村牧区经济合作组织，通过提供技术培训、市场信息、金融服务等支持，增强农牧业的组织化和市场化水平。通过合作组织的建立和完善，促进农牧民参与市场竞争，提高农牧产品的附加值，增加农牧民收入。